全新知识大揭秘

感知生命

高殿举◎编写

 吉林出版集团股份有限公司
全国百佳图书出版单位

U0221928

图书在版编目（CIP）数据

感知生命 / 高殿举编. —— 长春：吉林出版集团
股份有限公司, 2019.11（2023.7重印）
　（全新知识大揭秘）
　ISBN 978-7-5581-6330-2

　Ⅰ. ①感… Ⅱ. ①高… Ⅲ. ①生命科学－少儿读物
Ⅳ. ①Q1-0

中国版本图书馆CIP数据核字（2019）第003156号

感知生命
GANZHI SHENGMING

编　写	高殿举	
策　划	曹　恒	
责任编辑	林　丽　王　宇	
封面设计	吕宜昌	
开　本	710mm×1000mm　1/16	
字　数	100千	
印　张	10	
版　次	2019年12月第1版	
印　次	2023年7月第2次印刷	

出　版	吉林出版集团股份有限公司
发　行	吉林出版集团股份有限公司
地　址	吉林省长春市福祉大路5788号
	邮编：130000
电　话	0431-81629968
邮　箱	11915286@qq.com
印　刷	三河市金兆印刷装订有限公司

书　号	ISBN 978-7-5581-6330-2
定　价	45.80元

打开《感知生命》，里面的知识会让您开阔眼界，知道医学领域里的"侦察兵"有哪些新"战士"，救死扶伤的"前沿阵地"有何"新式武器"，医学取得了哪些新的"战况"，人体器官破损是如何修复的，预防医学有哪些新发展，21世纪的人体保健时代有哪些新知识。

人们总爱用"蓓蕾""骏马""雄鹰"等来比喻青少年。是蓓蕾，就要花开鲜艳；是骏马，就要驰入草原；是雄鹰，就要冲上蓝天。用知识作为能源，让青春熊熊燃烧，发光放热，使青春奏出欢乐的乐章，在人生的前奏曲中展现出靓丽而巍峨的峰巅。知识可以为事业创新，知识可以为生活添彩，知识更可以为健康鼓帆。随着社会的发展，越来越多的人关注着自己的生命质量，着眼于自己的健康。那么，我们就应该不断丰富自己的健康知识，多掌握些有关医学的新动向，为自身的健康保驾护航。

据科学家估算，自有人类以来大约在地球上生活过1036亿人，只是到现在人类平均寿命才出现飞跃。健康长寿对于我们每个人来说都是非常重要的，应该从青少年开始来设计自己的一生。生命不能等待，健康更不能等待。作为生物个体的我们，生命的流失如白驹过隙，飞驰而过。要想延年益寿只有从小做起，从现在抓起。

21世纪威胁人类健康的主要疾病包括：生活方式疾病、心理障

碍性疾病、性传播疾病等。为了唤起新一代人的健康意识，应该对这些疾病的未来发展趋势及防治对策心中有数。保护身体不靠别人，只能靠自己。健康就把握在自己手中，珍爱生命，珍重自己，科学生活，精心管理，延年益寿就会伴随你。

健康是人生的一切和根本。健康是金，有了健康才能有财富，有了健康才能有快乐，有了健康才能有幸福！

MULU 目录

目 录 MULU

第三章　人体修复的美好前景

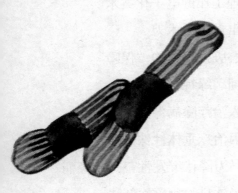

MULU 目录

第四章　预防为主防患于未然

目录 MULU

第一章
揭示生命的
"医学侦察兵"

医务界常常把诊断医学誉为"医学侦察兵"。许多疾病的诊断需要用各种仪器去探测，有的是靠影像学呈现形象逼真的直观结果，有的则测试出许多数据供临床参考使用。临床医生结合病人的症状体征特点，综合进行分析判断，得出确切结论，最后进行治疗处置。所以，有人还把诊断医学称为"临床医生的眼睛"。

揭示生命奥秘的电镜

电子显微镜（简称电镜）是 20 世纪 30 年代出现的一种精密仪器。它的出现使我们能够研究光学显微镜下不能分辨的微小结构，例如过滤性病毒、细菌和细胞的内部结构，以及有机物质巨型分子等。因此，电镜成为现代科学研究的重要工具，在医学上有着极为广泛的应用。

科学家发现，电子在电场内被加速后，也具有光波的特性，其波长只有可见光波长的五万分之一，利用它代替可见光的光源，可以大大地提高显微镜的分辨率，使一些比细菌、病毒更小的物体也看得清晰。从此，电镜登上了科学技术舞台。

开始的电镜是仿照光学显微镜发展起来的，通常指的是透射式电镜。成像的基本原理是放在电子前进路上的微小物体遮挡了电子微粒，荧光屏就出现了物体的影子，能把物体放大到几十万倍，甚至几百万倍，分辨率高达 1.4 埃。在电镜下能看到相当于一根头发丝的三万五千分之一大小的物体。

　　人们一直认为病毒是个简单的粒子，其实不然。在电镜下，科学家发现病毒是一个具有高度数学秩序的极微系统。例如腺病毒、疱疹病毒、噬菌体等生物体都是正三角形组成的正二十面几何形态。科学家利用电镜了解到细胞膜的超显微结构，看到了细胞膜是由 3 层薄膜组成的，两侧层密度高，中间层密度低。至于观察细胞核、染色体就更为细微了。对癌细胞的观察认识就更为深刻了。

判断心肌损伤新的标志物

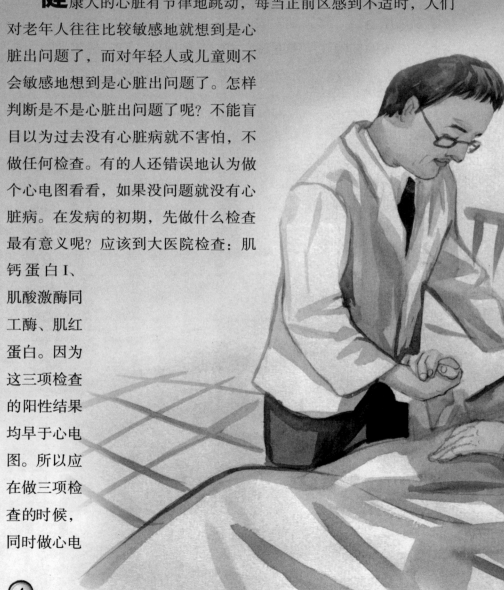

健康人的心脏有节律地跳动，每当正前区感到不适时，人们对老年人往往比较敏感地就想到是心脏出问题了，而对年轻人或儿童则不会敏感地想到是心脏出问题了。怎样判断是不是心脏出问题了呢？不能盲目以为过去没有心脏病就不害怕，不做任何检查。有的人还错误地认为做个心电图看看，如果没问题就没有心脏病。在发病的初期，先做什么检查最有意义呢？应该到大医院检查：肌钙蛋白I、肌酸激酶同工酶、肌红蛋白。因为这三项检查的阳性结果均早于心电图。所以应在做三项检查的时候，同时做心电图检查。

目前，国内外专家均把这三项检查统称为心肌损伤标志物。

肌钙蛋白 I 是心肌细胞特有的一种收缩蛋白，只存在于心房肌和心室肌中，并且胎儿、新生儿及成年人的肌钙蛋白 I 类型相同。

肌钙蛋白 I 不能透过细胞膜进入血循环。

肌酸激酶同工酶也是心肌损伤的一个敏感指标，其特异性和敏感性与肌钙蛋白相比没有统计学差异。尤其是检测肌酸激酶同工酶活力比测定其含量更有意义。

肌红蛋白对急性心肌梗死的诊断特异性较差，肌细胞受损伤时均可升高，但肌红蛋白在血清中出现的时间早，胸痛发作后 4 小时内即可升高，对急性心肌梗死早期诊断的敏感性高于肌钙蛋白，如果连续两次检测血清肌红蛋白在正常范围之内，即可排除急性心肌梗死存在的可能性。

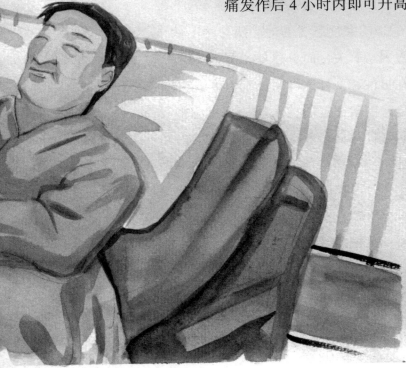

综合控制高血压的危险因素

高血压病是常见心血管病之一，以往人们只重视用药物降压治疗，大量研究揭示，重视对高血压病危险因素的控制更重要。这些危险因素包括糖耐量异常、肥胖、血脂紊乱、血液凝集异常、高尿酸血症和微白蛋白尿等，又被称为"X代谢紊乱综合征"，与胰岛素抵抗有关。

高血压病和这些危险因素相互协同损害心血管系统。冠心病是高血压病的重要并发症。研究指出，在高血压病患者中，40%的男性患者和60%的女性患者的冠心病与两个或更多的危险因素有关，而单独与高血压病相关的冠心病在男性和女性患者中分别为14%和5%。其他的危险因素还包括心率加快、左室肥厚。最近的人群研究资料显示，高血压病伴肾素水平升高将增加冠心病事件的发生。可见高血压病往往合并多种危险因素，其并发症与伴随的危险因素有关。许多研究指出，尽管积极降低血压，但是冠心病的患病率和死亡率降低并未达到预期水平；缺血性脑卒中和终末期肾病的患病率

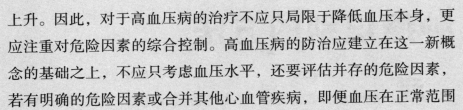

上升。因此，对于高血压病的治疗不应只局限于降低血压本身，更应注重对危险因素的综合控制。高血压病的防治应建立在这一新概念的基础之上，不应只考虑血压水平，还要评估并存的危险因素，若有明确的危险因素或合并其他心血管疾病，即便血压在正常范围也应给予治疗。在有心血管病的高危患者以及糖尿病患者中，血管紧张素转换酶抑制剂可使心血管病死亡率降低 25%，心肌梗死死亡率降低 20%，脑卒中发生率降低 32%。不同的抗高血压

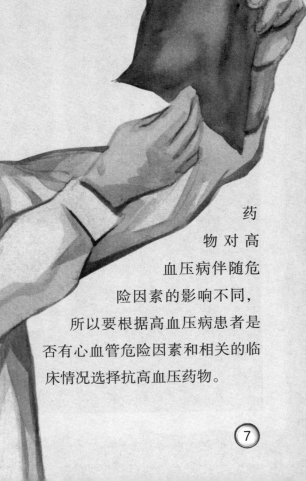

药物对高血压病伴随危险因素的影响不同，所以要根据高血压病患者是否有心血管危险因素和相关的临床情况选择抗高血压药物。

肿瘤识别的方法

我国肿瘤患者数量正以 3% 的速度逐年递增，每年约新增 160 万病人，每年死于肿瘤的人数高达 130 万人之多。但是，由于人们

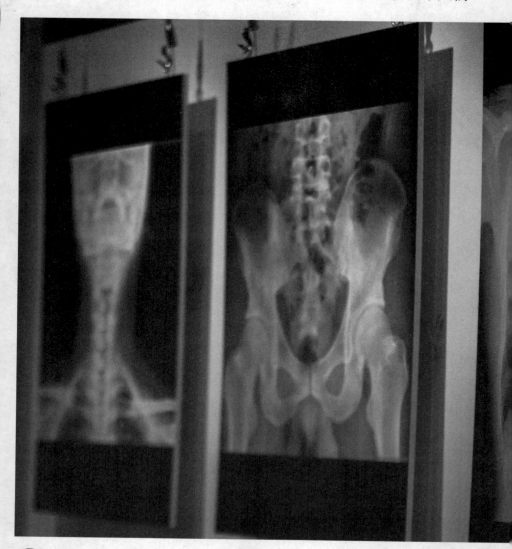

缺乏肿瘤识别和防治知识，往往忽视了肿瘤的早期发现，失去了治疗的最佳时机，这不仅给患者带来极大的痛苦，也大大地降低了生存率。制服肿瘤的关键还是早期发现，把它消灭在萌芽之中。

一般检查肿瘤方法分为两类：一类是常规检查法，包括病人的症状、体征、病史、体检、化验等。早期肿瘤无明显症状，因而较难发现，但是总会有些蛛丝马迹的。如食道癌早期吞咽困难、打嗝等；胃癌上腹部不适、食欲不振等；肺癌的胸闷、咳嗽、痰带血等；肠癌的腹泻、血便等。稍有不适应立即检查，有75%以上肿瘤是在体检时发现的。二类是专项检查方法，专项检查主要有以下几种：

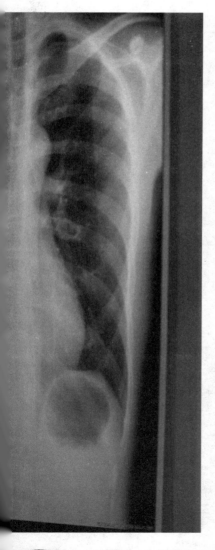

普通X线摄片可发现肿瘤的部位、大小、浸润周围组织范围等，诊断准确率较高。目前广泛用于身体各部位的诊断。

CT即计算机X线断层摄影，比X线检查更细密，是X线束对身体断面多方向扫描，将图像显示在电视荧屏上或胶片上。CT诊断图像清晰、分辨率高，可发现1厘米大小的病灶组织，很适宜肿瘤早期诊断。

核磁共振（MIR）成像是利用射线在磁场内偏移程度显像技术，分辨率高，有的部位清晰度超过CT，能观察到生理、病理变化。

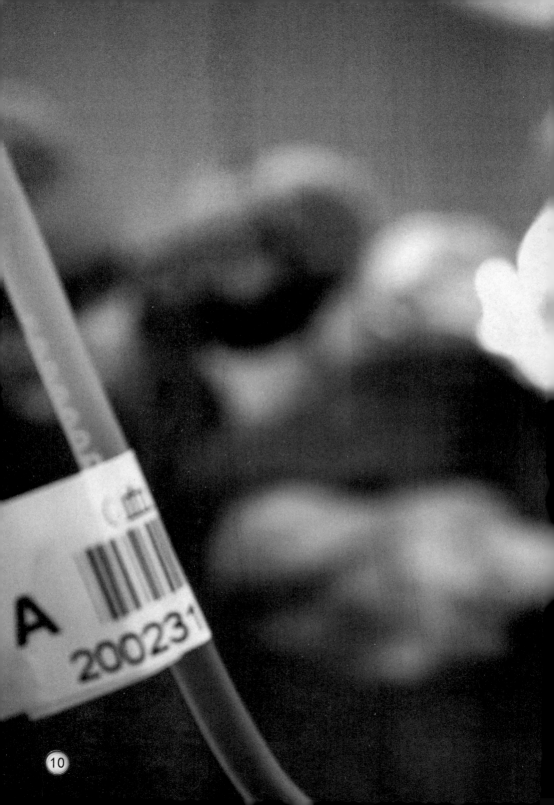

第二章
救死扶伤的
"前沿阵地"

　　随着医学的不断发展，传统的生物医学模式已经逐渐向生物—心理—社会医学模式转变。现代医学在病因学、诊断学、治疗学等方面都强调了整体思想，不单纯从生物病理等方面考虑疾病，尤其在治疗方面日益重视个体的积极性，从个体心理及环境等方面综合考虑，制订全面的治疗计划，并保证其顺利实施。

运筹荧屏，千里救人

走进 21 世纪的人类信息时代，电脑网络飞速发展，这也为医学领域带来了新的革命。许多疑难病例难以确诊，治疗更难，有了互联网就把世界医学连为一体，许多疑难病便迎刃而解。1996 年 3 月，清华大学化学系三年级学生朱令因中毒病危诊断不清，无法治疗，3 个多月束手无策。经世界互联网寻求会诊，仅 20 多分钟收到 2000 多个诊断信息，最后诊断为铊中毒。经临床排铊治疗，病情很快好转。

远程医疗会诊，就是把患者的有关资料输入电脑网络，实现远程和异地之间的计算机连接，使相隔千百里的医生、病人能进行"面对面"的可视性对话、讨论和疾病诊断。病人的病史资料、影像资料、化验数据、物理检查结果等都可以通过发达的电脑信息网同步或异步传输。这样，有经验的医学专家就能在荧屏前为远在千里之外的医生和病人出谋划策，提供及时的、全面的、高质量的会诊和治疗。

近年来，美国航天局艾姆斯研究中心开发的"软件手术刀"，可以根据人类头部扫描数据绘出精密的三维电脑图，医生可利用远程监视器显现患者头颅立体影像进行微细脑手术治疗，并且取得了良好的效果。

　　我国地域广阔，人口众多，许多地区缺医少药。远程医疗的优势将展示在高质量医疗和保健服务之中，会给许多边远地区的疑难病人解除病痛带来方便。随着国家卫生部创办的"金卫工程"逐步实施，将会有更多的地区通过现代通讯传递手段，得到便捷的医疗服务。

护理工作的电子化技术

人们总喜欢把护士比作白衣天使，负责照料和护理伤员和老、弱、病、残的使者。的确，无论是临床护理工作，还是预防保健工作，都是技术性很强的医疗卫生工作中的重要组成部分。

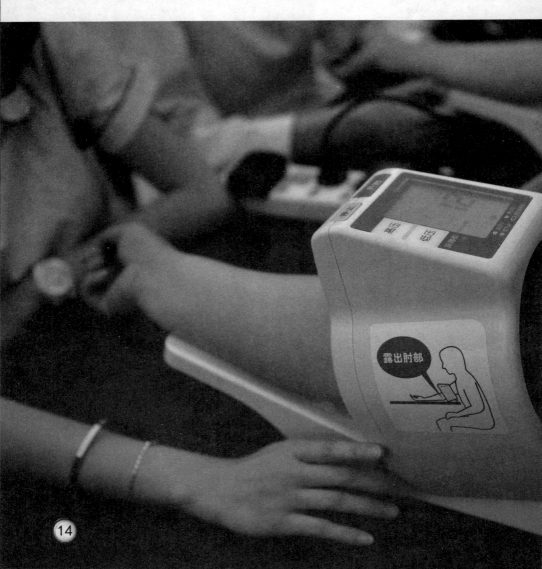

说实在的，护理工作是十分辛苦的。俗话说，"医生磨破嘴，护士跑断腿"，这就说明护理工作不仅技术性强，而且劳动强度也大。到了 21 世纪还要"护士跑断腿"吗？放心吧！电子设备解放了人类，也一定会解放白衣天使的。

电子技术护理。现代化医院增加了电子护士设备——电子监护仪、电子治疗仪、电子生活护理仪等取代了许多护士的"跑腿"工作，

像心脏监护、重病监护、分娩监护等都是自动化进行的。

体温、血压、心率、呼吸、心电等都能自动记录，并且出现危急情况还会自动报警！

生活护理机器人。对于瘫痪病人的护理是很艰难的。有了电子护理仪，病人的翻身、擦浴、喂饭等就方便了。

电子眼传递信息方便。现在已经发明了电子眼镜，行走不便的病人可以按要求转动眼球，病房里的电脑护士收到眼球转动发出的信号，并按着这些信号给病人开门、关门、开电视、关电扇，甚至调节室内的温度。

遥诊医学的特殊天使。遥诊医学现在陆续普及开了，电脑护士走出医院大门，到病人家中去从事各种家庭护理工作。护理工作在电脑的帮助下变得轻松了，这是高科技发展的必然规律。

不出血的手术刀

人体到处都是血管，出现伤口血液就流出来了。自从有手术的上千年来，医生在研究不出血的手术刀，一直没有结果。手术出血给外科医生带来了许多麻烦。也给病人造成了大量的消耗和损失，丢失了许多重要的物质。手术中，由于模糊了器官，遮挡了视野，增加了难度，容易导致手术失败。因此，医学史上有多少人在攻克这一难题，一直被认为是幻想。

1960 年美国物理学家西奥多·梅曼试制出来世界第一台激光器，发现了激光的奇特效应，人们对于制造"不出血"的手术刀似乎看到了希望。1972 年西德医生用二氧化碳激光手术刀，成功地进行了人体内脏手术；1977 年日本医生用激光刀做脑外科手术效果很好；1978 年美国华盛顿大学研制出光纤导激光刀，并用这种手术刀顺利地完成了皮肤移植手术。

激光应用于医学，成为一门崭新的激光医学。做手术不出血，特别是对血管比较丰富的脏器做手术不出血，为医疗开创了优质服务的新局面。

随着激光器技术的不断改进，可以将"手术刀"做得更小，连接一根又细又软的光导纤维，安装在内诊器内。病人若吞进胃肠，可以隔着肚皮切除胃肠肿瘤。在应用激光治疗肾和膀胱结石时也获得了可喜的成果。癌症经过激光手术可以不转移，75%以上可以治愈。器官移植将达到百植百胜的效果。激光医学还为生物医学引申到分子水平开创了新途径。

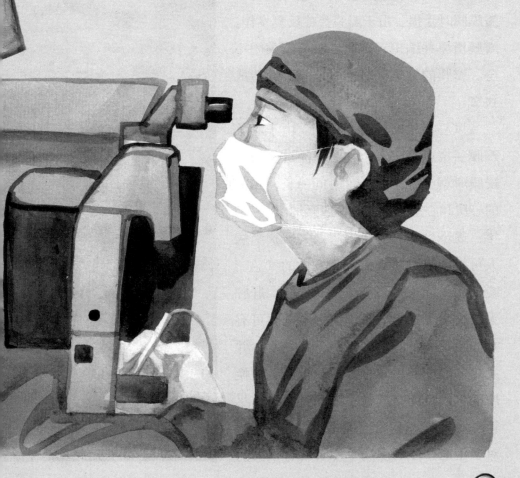

为心脏换瓣术加"保险"

风湿性心脏病（简称风心病）是风湿病变侵犯心脏的后果。风心病是最常见的一种心脏病。大部分病人于成年以前得病，女性较男性多。虽然造成心脏病的原因是风湿热，但不少病人并没有明显风湿热病史，受损的瓣膜以二尖瓣最为常见，其次是主动脉瓣，也可能几个瓣膜同时受损。由于瓣膜炎症反复发作，瓣膜增厚并缩短，因此心脏瓣膜关闭不全。瓣膜的粘连又可使瓣口缩小，造成狭窄。

风心病早期一般无症状。由于心脏瓣膜狭窄或关闭不全，血液流过受损的瓣膜时就会产生杂音。时间一长，相关的心房和心室就扩大。一般经过 10 ～ 15 年，逐步出现心力衰竭。二尖瓣狭窄病人可发生咳嗽、咯血或阵发性的气急。晚期病人往往有下肢或全身浮肿、肝肿大、腹水等。主动脉瓣关闭不全也可有左心室扩大，心前区疼痛，容易发生并发症。治疗上比较先进的是采用心脏换瓣手术。目前，这种手术已经普及，尽管手术效果显著，但还是有一定的风险。对于年老、体弱多病手术者就有很大的风险。例如，有糖尿病、冠心病、凝血功能障碍、风湿等患者，术前都是不放心的。在给一位 65 岁风心病病人做了冠状动脉造影后发现，不仅有冠心病，还发现了多支病变，左冠状动脉的前降支、左降支、对角支分别有 40% ～ 90% 的狭窄。于是决定为老人实施瓣膜置换加冠状动脉搭桥手术，既给老人治疗了疾病，也为瓣膜置换加了个"保险"。

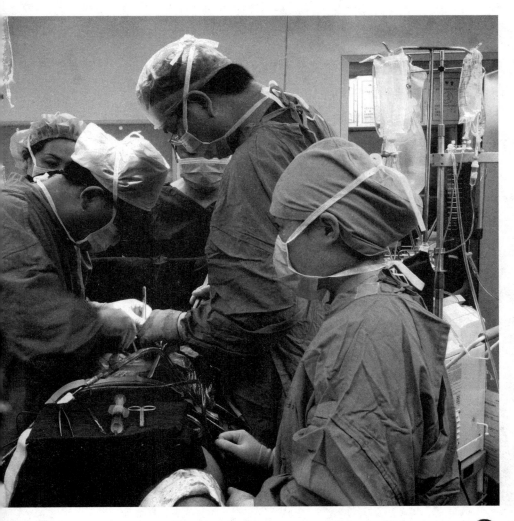

追溯"绿视"的究竟

在日常生活中，太阳光照射在万物上，反射出红、橙、黄、绿、青、蓝、紫，在眼睛的视网膜上出现各种颜色的物像。然而，有遗传性红绿色盲的人容易把红色看成绿色，这叫红绿色盲，不叫"绿视"。这里说的"绿视"是指有的病人在治疗过程中，突然把白色全部看成是绿色，并且持续一个相当长的时间。

有位50多岁的患风湿性心脏病的妇女，在医院治疗一个月后出院，女儿拿来白衬衣，又给换上白色床单。母亲惊讶地问："你多会儿买来的绿衣服和绿床单？"女儿说："妈，这明明是白色衣服和床单！"母亲的"绿视"没能引起女儿的重视。到了傍晚，母亲突然心悸、气急、心前区剧痛、口吐白沫，家人立即将母亲送到医院，谁知，老人的呼吸已经停止了。

这位母亲为什么会把白色看成绿色呢？又怎么会突然死亡呢？过去一直没弄明白，近些年来才找到病根，原来是地高辛中毒的信号。如果当时及时抢救，就不会突然死亡。

地高辛属于强心苷类药物，因为它的治疗安全范围特别狭窄，也就是说药物治疗剂量与发生中毒的剂量之间的距离很短。治疗范围越窄，药物就越容易中毒，中毒发生率高达 21%。这就犹如，水能浮舟又能覆舟一样。强心苷类药物既能治疗心律失常，使患者转危为安，又能诱发一些致死性心律失常，危及病人生命。

介入治疗除病保健康

介入治疗是十多年前发展起来的新型治疗技术。就是应用一根特殊导管经动脉插入某个有病的器官或组织内，采取给药或其他除病方法的治疗过程。介入治疗既不用内科的传统治疗，也不用外科传统手术，而是用导管送到病变部位治疗，效果明显优于一般全身治疗。

介入治疗的应用范围很广泛，许多疾病的治疗均可以用介入方法，例如冠心病、脑血栓、下肢静脉血栓，肺癌和肝癌等恶性肿瘤介入给药，肝硬化并脾机能亢进的脾栓塞治疗，子宫肌瘤的介入栓塞疗法，腰间盘脱髓核切吸减压术等均可收到良好的效果。

冠心病是由供应心肌营养的中、大血管高度狭窄或完全闭塞造成的，是心肌猝死的主要病因。过去只能用止痛、减少室性早搏、强心等方法处理，不能对病变血管治疗。冠心病的介入治疗即"腔内冠脉成形术"，主要包括冠脉内球囊成形术（PTCA）和支架扩张术两种，其疗效显著。

脑血栓是中老年人的常见病、多

发症。介入治疗脑血栓，病人恢复快，疗效确切，明显优于传统内科保守治疗。介入治疗脑血栓的特点是：直接将溶栓药物注入阻塞血管处，局部用药，见效快，有"立竿见影"的效果，治愈率高，致残率低。

介入治疗下肢静脉血栓，通过动脉途径给药，将溶栓药物于患者肢动脉远端内灌注，经毛细血管网回流静脉可溶栓，达到完全治愈的目的。该治疗恢复快，无痛苦。

基因治疗垂体性侏儒症

垂体性侏儒症又称生长激素缺乏症。儿童时期垂体前叶功能减退，严重地影响儿童的生长发育，主要是生长激素分泌减少，多

为先天性垂体发育不良所致，但也有颅内肿瘤压迫引起的。其发病率在 0.1‰ ～ 0.25‰ 之间，以往认为其中的 5% ～ 30% 是由遗传因素所致，但近年发现：GH 分泌不足大多数为染色体隐性遗传，使人们将大量有遗传学病因的 GHD 归属于所谓特发性的。

垂体性侏儒症主要表现在：全身体格发育障碍，身高、体重均比同龄正常人低，头大而圆，毛发少而软，直到成年仍保持着儿童外貌，发出童音，肌肉不发达，骨骼短小等。智力发育大都正常，与黏液性水肿、呆小病还是有区别的。实验室检查结果：血促性腺激素、促肾上腺皮质激素、尿 17 酮类固醇、尿 17 羟类固醇均低于正常值。

垂体性侏儒症的治疗一直是医学临床上的老大难问题。最早，医生是一筹莫展，后来用甲状腺片来治疗，苯丙酸诺龙也有一定疗效，但同时均得补充足量的蛋白质、维生素，待生长到适当高度后，改用男性激素或绒毛膜促性腺激素。

伽马刀降伏继发性三叉神经痛

三叉神经痛给病人带来的痛苦常常是难以忍受的。大多数是单侧发生，个别病例是双侧性的。疼痛发作时，从面颊、上颌或舌前部开始，很快扩散，剧烈疼痛有针刺样、刀割样、触电样或撕裂样。发作严重时可伴有面部肌肉抽搐、流泪、流涎等症状，因此称为痛性抽搐。每次发作时间很短，短至数秒钟，长至1～2分钟，可连续多次发作。发作间歇期可完全无疼痛。一般白天或疲劳后发作次数增多，症状较重；休息或夜间发作次数减少，症状也轻。病人的唇部、鼻翼、颊部、口角、犬齿及舌等处特别敏感，稍一触碰即可引起一次发作，称为"触发点"。发病初期，发作次数较少，间歇期较长，以后发作次数逐渐增多，间歇期也缩短。这样反复发作可持续数月，然后缓解一个时期，接着再发作，很少能自愈。临床鉴别诊断要与牙痛、副鼻窦炎、青光眼等疾病区分开来。

过去对三叉神经痛的治疗就是吃止痛药、按摩、针灸等，没有从根本上解除痛苦的。随着科学技术的飞速发展，伽马刀的广泛应用，继发性三叉神经痛找到了病因，主要是桥小脑角肿瘤、三叉神经根或三叉神经半月节区肿瘤、血管瘤、动脉瘤等病引起。由于桥小脑角区肿瘤位置深，周围结构复杂，开颅手术处理困难，风险大，并发症多，故伽马刀的应用为神经外科医师增加了一个崭新的治疗手段，且具有安全、准确、侵袭小、疗效高等特点。

神经外科治疗癫痫新法

癫痫是由暂时性突发性大脑功能失调引起的综合征，发病率在 4‰～ 10‰之间，我国在 3.5‰～ 4.8‰，每年新发病癫痫病人有 30 余万人。

根据发作的表现可分为大发作、小发作、精神运动性发作和局限性发作四种。发作特点有：间歇性发作，如小发作可一日数次或数十次，其他类型发作也可间隔一定时间；短时性发作，如每次发作不超过数秒或数分钟会自行停止；刻板性发作，如每次表现有相同固定格式。其中大发作表现为神志丧失、全身抽搐，一般均有先兆症状，如头昏、精神错乱、上腹不适、视听和嗅觉障碍等。

近些年来神经外科对癫痫的治疗技术飞速发展，约有 20% 的病人不能用药物控制，至少有 50% 的病人适宜用手术治疗，我国有 80 万～ 100 万癫痫病人需要手术。

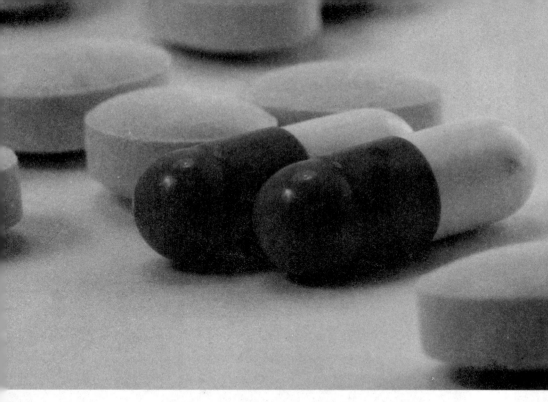

　　由于脑电图技术的进步，如视频脑电图的出现，长程脑电图的监测，以及颅内硬膜下条状或网状电极和深电极技术的应用，对癫痫诊断和致痫灶的确定有了长足的进步。神经影像学的出现更大大推动了癫痫外科技术的发展。如脑CT扫描可发现30%～40%的癫痫病人有异常改变。脑磁共振更加可靠地诊断颞叶癫痫的颞叶内侧海马硬化，并能清晰地发现脑皮质发育异常病变（如脑灰质移位等）。其功能性核磁共振由于成像时间和空间分辨率高，还可显示癫痫灶和邻近脑重要功能皮质区关系。脑彩超能判断脑致痫灶的血流和代谢的变化，可作为致痫灶的筛选手段。

"细胞刀"治疗帕金森病

应用"细胞刀"治疗帕金森病是近年来普及应用的好方法。

患有帕金森病的患者，饱受其苦，肌肉震颤、僵直，活动困难，随着病情的加重，肢体、头部经常性抖动，情绪激动时症状加重，导致生活难以自理。据统计，国内帕金森病发病率为8‰左右，这对于一个拥有14亿多人口的大国来说，100多万的病人数字可够庞大的了。

过去治疗帕金森病主要靠药物。尽管病因还不明确，但被公

认的是中枢神经系统中多巴胺的缺乏，引起部分脑细胞异常放电，擅自"发号施令"，结果造成肢体运动不止——肌肉震颤。药物治疗主要是补充中枢神经系缺乏的多巴胺，由于需要终生用药，多数病人会产生耐药性，甚至引起严重的并发症。

"细胞刀"治疗帕金森病还不能从根本上治愈，因为被损坏的脑细胞是无法修复的，只能从减轻病人痛苦、缓解症状、提高生活质量和缓解病情等方面考虑。由于疾病的个体差异，其疗效也不完全一致。然而，科学家还在不断探索，像应用神经干细胞移植等新技术不断发展，很快能制服帕金森病对老年人的危害。

断血路能饿死癌细胞

正常人体的血管内皮细胞倍增时间为一年，而肿瘤的血管内皮细胞倍增时间仅4天。因此，医学专家正在研究：断血路，饿死癌细胞。

人体只有在比较特殊的环境下才会发生血管生成，而持续的不受调控的血管生成则出现于大量病态、肿瘤转移和内皮细胞的异常生长中，这种血管生长速度十分迅速。血管是肿瘤生长的"粮草"供应道，又是肿瘤细胞的温床，血管的"疯长"支持和帮助了肿瘤的疯长，也为肿瘤细胞转移和扩散提供了前提。

经过世界各国科学家研究证实：当直径很小的微小转移灶的癌细胞处于无血管生成时，其增殖速度与原发癌细胞增殖速度相近，但由于无血管生成，癌细胞长期处于休眠状态，使微小的转移灶缺乏毛细血管供给的营养而处于"饥饿"状态，凋亡速度非常快；当癌细胞凋亡与增殖处于相对平衡状态，微小转移灶处于潜伏期不增

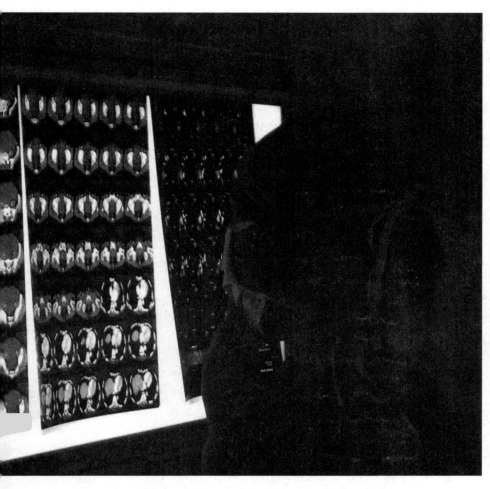

长。但是，癌细胞能分泌出大量促进血管生长因子，一旦形成肿瘤血管供血，癌细胞得到足够的营养，就会疯长起来，其危害就大了。目前，世界各国正对众多血管生成抑制剂进行广泛研究，Ⅰ～Ⅲ期临床试验已经完成，例如血管抑素、内皮抑素、烟曲霉素类似物及金属蛋白酶抑制因子和尿激酶、白介素 –12、血小板因子 –4 等 20多种。目前最有希望并且影响最大的是内皮抑素，福克曼已经成功地用它治愈一批"癌鼠"。

怕热的恶性肿瘤细胞

自古以来，人们就从实践中懂得了用热来治疗疾病。如我国古代医生曾用"砭石"和火来治病，并创造了用热来治病的灸术。国外1866年布斯茨发表了一例长于面部的恶性肿瘤，在感染丹毒发烧40℃以上后，肿瘤消失的报告。肿瘤为什么怕热呢？现代医学的发展及生物学的研究已揭开了其中的奥秘。

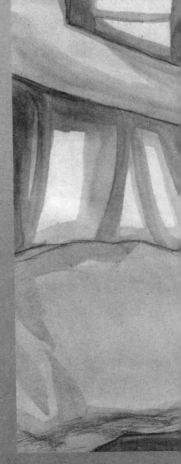

肿瘤组织在体内生长过程的特点是其血管生长畸形、结构紊乱及毛细血管受压，并有血窦形成。因此，肿瘤组织的血液供应比正常组织明显减少，肿瘤内血流速度慢，血流量低，仅为正常组织的1%～10%。肿瘤的这个特性为"热疗"提供了条件，因为正常组织在受热时有良好的血液循环充分散热，而肿瘤组织局部温度升高，高于临近的正常组织5%～10%。当高热作用使得肿瘤细胞处于杀伤温度（43℃）时，正常组织仍处于较低温度而不受损伤，但肿瘤组织则在高热作用下引起即时性代谢反应导致其血流量减少，热量更加聚集并伴有pH降低、氧缺乏及能量缺乏，从而引起肿瘤细胞的损伤。

高热还抑制了肿瘤细胞的DNA、RNA及蛋白质的合成，换言之，就是抑制了肿瘤细胞的增殖。

高热时，肿瘤骨架散乱，细胞的许多重要功能受损，如溶酶体、线粒体被破坏而导致细胞死亡。而且高热还可影响肿瘤细胞生物膜的状态和功能，使膜通透性增加，低分子蛋白外溢，膜内 ATP 酶消失，此时肿瘤细胞难以抵抗放射线及化疗药物的进攻，容易被杀伤杀灭。而高热，尤其是局部热疗方法，还可以刺激机体的免疫功能，起到限制肿瘤细胞扩散的作用，正符合中医的"正长邪消"的道理。

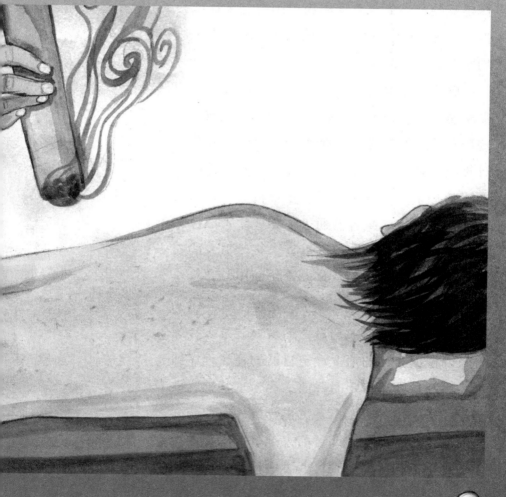

用胰岛素泵稳定血糖

糖尿病人的高血糖让人头痛，带来的后果更是痛苦。许多并发症都是高血糖引发的，使糖尿病人的生命受到了严重的威胁。

当代医学界认为，强化控制血糖的最佳选择是安装胰岛素泵，糖尿病控制与并发症试验报告中有 59% 的病人安装糖尿病人胰岛素泵后均取得了很好的效果。

胰岛素泵又称开环人工胰岛、持续皮下胰岛素输注法（CSII）。它是由三个部件组成：常规胰岛素的泵容器、一个小型电池驱动的泵、计算机芯片（芯片用于患者准确控制泵释放胰岛素的剂量）。这一切封装在塑料盒内，其大小如同寻呼机。泵容器通过称为"注入部件"的细塑料管向人体释放胰岛素。泵模拟人的胰岛 β 细胞分泌胰岛素，可以常年使用，并且每日24小时释放胰岛素。它有两个释放节律，基础释放量和餐前大剂量（追加释放量），患者只要根据自己的情况设定自己的释放程序即可。小剂量胰岛素定时释放，称为"基础释放率"。每当用餐时，患者可以释放一次"药丸式剂量"的胰岛素，即餐前大剂量，以便与摄入的食物量相匹配。胰岛素泵输注方式模拟胰

岛素分泌，更符合生理要求。

　　血糖控制稳定，能把患高血糖或低血糖的风险降为最低。使用胰岛素泵，能精确控制胰岛素释放量，以便与需要量相匹配。餐前大剂量调控好，可克服黎明清晨高血糖。胰岛素泵的基础输入量可根据自身情况进行调节。

万不可马虎的烧伤

烧伤是常见外伤，属开放型的病理损害，日常生活生产中时有发生。据报道，美国每年有200万人烧伤，30万人需住院治疗，直接死亡约2万人，因此对烧伤防治应给予充分重视。

在日常生活中，伤后人们常常使用红汞、紫药水、獾子油或碱水涂抹创面，岂不知这些方法不仅不科学，而且掩盖了创面的真实情况，影响了医生的判断。獾子油含有大量细菌，涂抹后容易造成创面感染，碱水本身容易引起化学烧伤，加深创面的深度。正确的处理方法是：局部用湿毛巾、冰块冷敷，以减轻疼痛、局部肿胀和进一步的损伤，然后再用干净的毛巾包裹伤口，及时送医院治疗。对于酸和碱的化学烧伤可就近用流动清水持续冲洗半小时以上，以减轻对组织的损伤。

烧伤一般分为轻度、中度、重度及特重四类。轻度烧伤指总面积小于10%的Ⅱ度烧伤；中度烧伤指总面积在11%～30%，或Ⅲ度烧伤面积在10%以下的烧伤；重度烧伤指总面积

在31%～49%，或Ⅲ度烧伤面积在11%～20%，或虽烧伤面积不足，但却合并休克、复合伤、呼吸道烧伤、中毒之一者；特重烧伤为总面积大于50%，或Ⅲ度烧伤面积大于20%。因此小面积烧伤相当于轻度烧伤，中面积烧伤相当于中度和重度烧伤，大面积烧伤相当于特重烧伤。

烧伤总面积超过50%均可发生休克，必须到专科医院治疗。

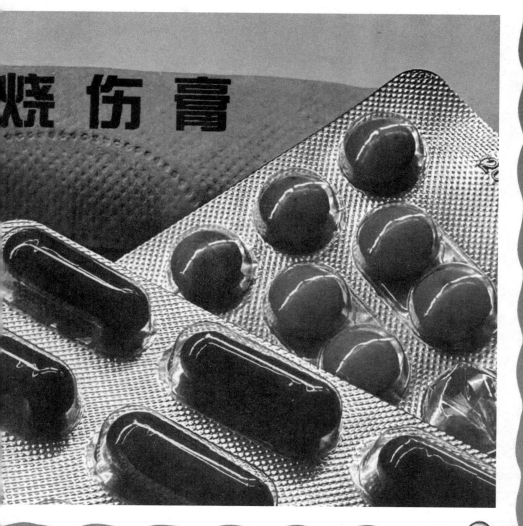

抗氧化治疗"类风湿"

类风湿性关节炎是一种严重危害人类健康的慢性常见病。尽管至今病因尚未确定，也无根治方法，此病一时危及不了生命，但缠绵不愈，人们称为"不死的癌症"。

类风湿性关节炎患者多为青壮年，病程许多长达 10 ～ 20 年。这种病的患病率很高，有的国家达 1% ～ 3%，我国为 0.6% 左右。许多类风湿病人因骨关节增生、变形、强直、肌肉萎缩等导致残疾，患病三年致残率近 50%，生活不能自理。此疾病让人极为痛苦，所以古今中外医学家都在下功夫攻克，但均没有取得显著疗效。

近些年来，临床实践证明，蚂蚁对于治疗类风湿有奇特的效果。蚂蚁体表的角蛋白在高科技的酶化工艺过程中，进行充分水解，分解为氨基酸、多肽类，加上蚂蚁的蚁酸（相当于甲酸），对于类风湿性关节炎患者，能增强胸腺、脾脏等免疫器官的生理活性，提高免疫调解机能，使白细胞数增多，降低红细胞沉降率，促进类风湿因子转阴，减少自身变异抗体的产生和对自身细胞的破坏作用，刺激造血功能旺盛。特别是在细胞免疫的

T淋巴细胞平衡中起到积极作用。这与中医传统理论的注重调节阴阳平衡的法则是相吻合的。

第三章
人体修复的
美好前景

康复医学是针对人体在治疗后遗留下来的组织器官结构和功能障碍的恢复医疗。它不仅仅针对那些残疾人，还包括众多的病愈后不能正常恢复组织器官功能的病人。康复医学包含两个层次内容：一是有病组织器官病愈后还有一定的生理功能，需要医疗提高功能达到满足生理需要；二是原来的组织器官经过疾病的破坏已经丧失了或大部分丧失了功能，需要有新的组织器官替代，就是器官移植。

征服疾病的"核武器"

人体最基本的功能单位是细胞。细胞核中的脱氧核糖核酸（DNA）是生物的遗传物质，而基因就是 DNA 分子中的一个片段。它是由一定数目的核苷酸按一定顺序串联而成的。基因的大小甚为悬殊，一般来说，每个基因平均含 1000 个核苷酸对。

现已查明，遗传病是特定基因变异所致。也有些疾病与基因改变有关，像癌症、心脑血管病、糖尿病等，这些病都是医学界棘手的难题。就拿众所周知的智力碍障者来说吧，它是一种遗传病，是由于身体细胞里缺少一种半乳糖酶的基因，所以治疗此病需要补充正常基因。近年来，把这种从根本上改变基因结构、重组或修饰病变基因的治疗，称作基因治疗。

传统的药物治疗方法，无论是西药、中药，还是口服、注射或局部用药，甚至使用基因工程制作的药物，都是在人体细胞膜外面起作用的，难以深入细胞内部。而基因疗法要求基因必须穿过细胞膜进入细胞核，这是药物史上从来没有过的作用方式，是真正的"核武器"。

1971 年，德国试用基因工程治疗智力障碍病人。首先用生物刀把大肠杆菌细胞中能分解半乳糖酶的基因切下来，装在一种噬菌体上；再把这种装有基因的噬菌体送入病人细胞中，细胞接纳并运用这个基因后，就能自身产生半乳糖酶，而且还能传给后代细胞，这样就能把智能障碍病治愈。

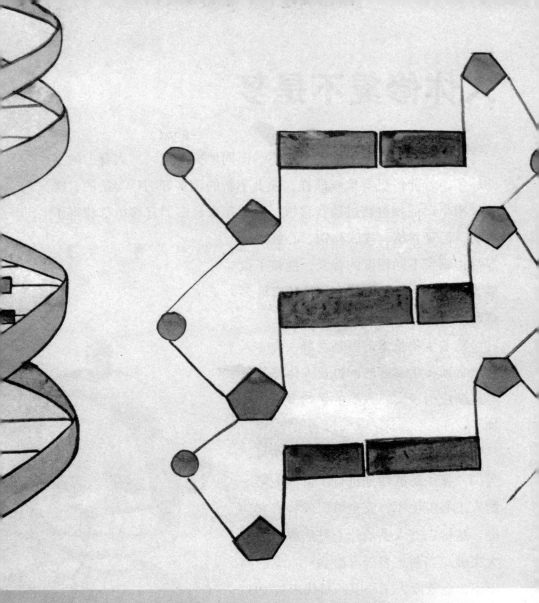

　　基因治疗的范围广，包括免疫缺陷病、遗传病、癌症、心脑血管病、糖尿病、阿尔兹海默症、帕金森症、红斑狼疮、艾滋病等。基因疗法已经从试验室走向临床，许多不治之症将被征服，这是医学史上的丰碑。

人体修复不是梦

许多倒在病床上的患者都不约而同地提出过，"人身上的零件坏了，若能像机器检修那样，换上个新的该多好啊！"是的，医学家很早以前就进行过器官移植，近些年来许多器官移植都获得了成功，像肾移植、皮肤移植、心脏移植等都得到了不同程度的普及，挽救了很多人的生命。但是，器官移植还有许多难题。

随着生物技术的蓬勃发展，许多人造器官或再生器官的问世，人体修复已经逐渐成为现实，人类的平均寿命又增加了。

先说说人工心脏。2001年7月，美国一家医院成功地进行了世界上第一颗人工心脏手术，完全可以代替心室功能，这标志着人类治疗心脏病取得了重大突破。当前患者因心脏病死亡率居高不下，急需要人工心脏的替代。从1957年开始人工心脏取得重大突破；1967年南非医生斯琴·巴纳德博士开创了人类心脏移植手术，后来的人工心脏都是压缩式的；最近维也纳医科大学研制出一种旋转式稳流人工心脏，体积小，可

靠性强；英国研制出一种新型人造心脏，体积小于拇指，安装在心脏内部；美国新研制出来的由计算机操纵的人工心脏，安装后，病人可以参加游泳等剧烈活动，实验中创造了 1.6 亿次无故障跳动，相当输送 200 万升血液。

我们深信，人工器官的研究随着生物工程的发展和基因时代的进步，很快会出现崭新局面。

心脏移植寻常事（一）

心脏移植，俗称换心术。这在 20 世纪初是不敢想象的事情。到了 20 世纪 60 年代末，南非医生巴纳德做了第一例心脏移植手术，轰动了医学界。相继，有 22 个国家的 64 个手术组相继给 101 例病人做了心脏移植手术。可惜，出现了许多难以克服的障碍，特别是机体排异反应，与其他器官移植一样，简直无法控制，大多数病人在术后只存活了几个星期。在失败面前，许多外科医生泄气了，使这一手术停滞了 5 年之久。又经过了近 20 年的探索，到了 20 世纪 80 年代心脏移植才告成功。如今，全世界已有了数千例心脏移植成活者，尽管这个福音可告慰几百万心脏病患者，然而，能做上手术的还是微乎其微。

随着心脏移植技术的不断发展，如今，许多国家一级医院都能开展手术了。1978 年 10 月，法国发生了一件轰动医学界的奇事。阿尔努詹克研究所的心脏病专家给一位患有严重心肌病的 48 岁商人皮埃尔·昂萨多成功地植入了一颗死于交通事故的 15 岁少年的心脏，使皮埃尔用两颗心脏活着，新植入的心脏同原来有病的心脏是并联的，有病的心脏只担负正常工作的 15%，而新植入的心脏成为维持人的生命的主力。术后几个月，病人就康复出院了。

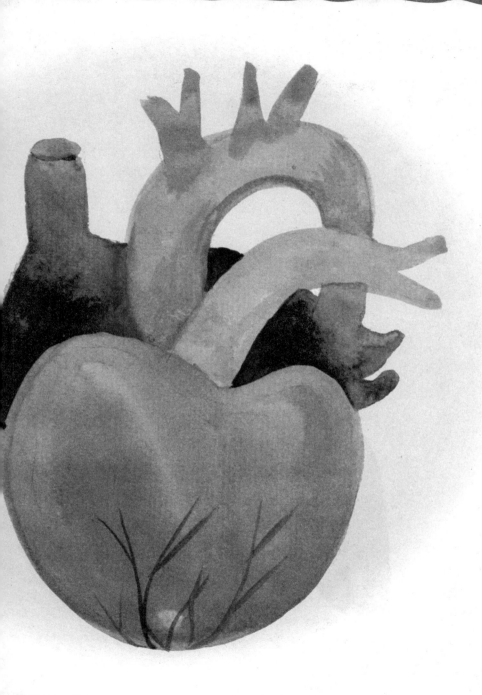

心脏移植
寻常事（二）

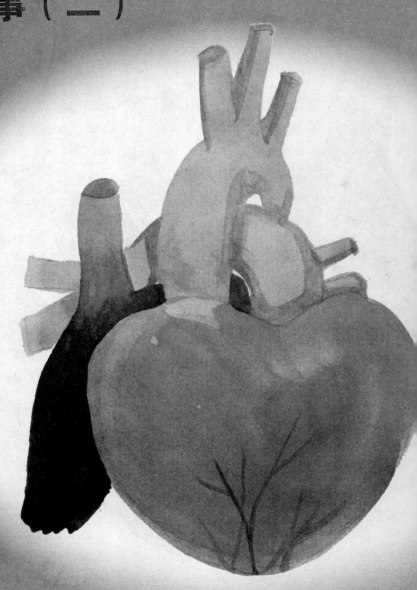

心脏移植手术走在前列的是美国的斯坦福大学医学中心，在20世纪80年代已成为名副其实的世界心脏移植中心，成功完成心脏移植200余例。斯坦福大学舒慕威和史汀生的手术组一直在坚持不懈地深入研究，精心改进，日臻完善。协同免疫学家、病理学家和心脏病学家长期密切合作，逐步延长了患者术后的存活期限。他们在12年里共完成181例心脏移植手术。术后1年存活率由最初的22%，渐渐增加到69%，后来5年存活率已接近50%。

排斥作用仍然是心脏移植的首要问题。在史汀生博士的领导下取得了两项突出的成就。第一项是研制出一种快速而极其精确的排异监测技术；第二项是研究提纯抗胸腺细胞球蛋白，这种球蛋白能抑制或消灭胸腺细胞，从而减轻或消除排异作用的干扰。

近年来，心脏移植手术普及比较迅速，全世界已经几千例了。光亚洲就完成上千例，3年存活率为70%左右。

然而，心脏移植还存在不少难题。一是适应证的选择，如不成功必死无疑，所以学者还有争论；二是心脏的供体奇缺，这是目前的主要障碍；三是供体心脏保存技术还需进一步改进和完善。将来的自体心脏培植成功后，就会出现好的局面了。

不开刀治愈"先天心病"

胎儿的心脏血管发育不正常，出生后的心脏血管构造与正常人不同，这类疾病医学上称为先天性心脏病（简称先天心病）。最常见的先天心病如心房间隔缺损、心室间隔缺损、动脉导管未闭症、肺动脉瓣狭窄、法乐氏四联症等。

先天心病是一种常见病，多发病，大约有 0.8% 的新生儿出生时患有先天心病。我国每年约有 15 万新生儿患有形态不同的先天心病。先天心病早期没有任何不适，家长不易发现，因此必须对新生儿和儿童进行心脏检查，如有异常，应及时做超声心动图或者心导管检查。如果孩子出现喂食困难，体重不增，呼吸急促，心跳加快，比同龄儿长得慢，运动量小，容易感冒，或有胸闷、心慌、嘴唇发紫、左胸异常隆起等症状，再经医院检查即可确诊为先天心病。因此，早期诊断对于护理和治疗均有好处。

先天心病的治疗原则是早期发现，早期治疗。出生后即发生心衰的新生儿可以马上进行心导管检查，必要时立即施行介入治疗。对出生后无症状的患儿，可以在半岁左右施行介入治疗。对心房间隔缺损病儿可以在两岁后施行介入治疗。对室间隔缺损者可在 3～6 岁施行介入治疗。万不可把适应证拖到 6 岁以后或者到成年，那就丧失了治愈的良好时机了。

动脉粥样硬化

先天心病许多不治者在青少年夭折，抓住时机介入治疗是目前保护青少年的最佳途径。

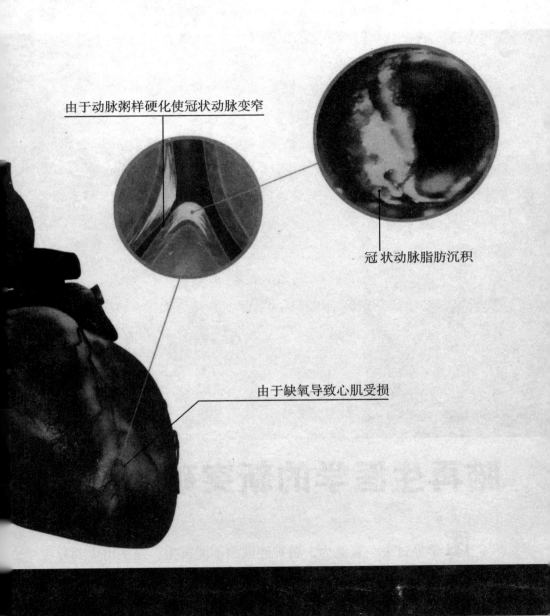

由于动脉粥样硬化使冠状动脉变窄

冠状动脉脂肪沉积

由于缺氧导致心肌受损

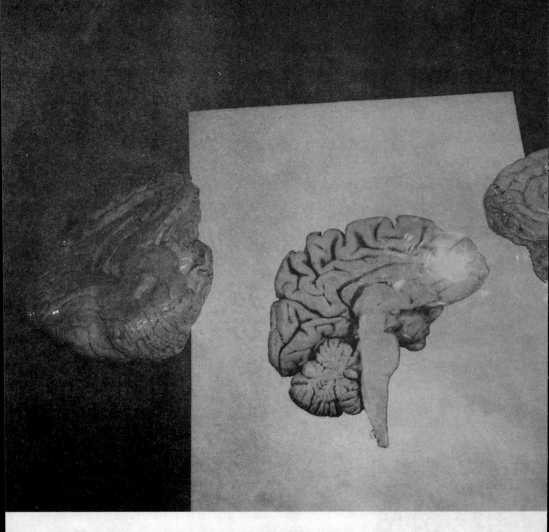

脑再生医学的新突破

医学界过去一直认为，脑神经细胞不能再生，是从出生到死亡一次性的生命过程。过去还认为，脑挫裂伤是颅脑损伤中较严重的一种，轻度者恢复缓慢，还要留下对侧肢体瘫痪、失语症、瞳孔

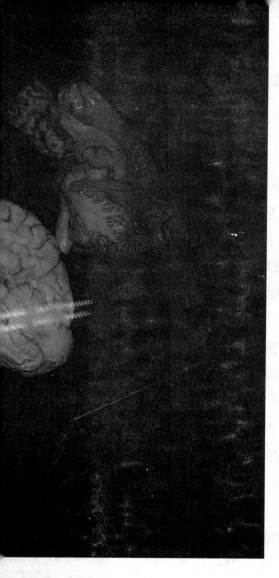

散大等后遗症；重度脑挫裂伤，症状重，昏迷时间长，死亡人数多。

据报道，我国已跨上脑再生医学新台阶，华山医院完成了首例成人干细胞自体移植，该手术的成功标志着我国神经干细胞的基础研究和应用已跨进脑再生医学的先进行列。

这次接受自体神经干细胞移植术的是一位40岁的女性，患者被锐器刺入脑内深达10厘米，双侧脑额叶严重受损。华山医院神经外科的医务人员从其破碎的脑组织中成功地培养出神经干细胞，又将神经干细胞进行了克隆，并将克隆的神经干细胞进行了体外增殖和分化实验，再移植到免疫缺陷的裸鼠脑内观察其迁徙和分化能力，同时还在猴子脑内进行了神经干细胞的移植试验。

为了将神经干细胞重新精确地移植到患者脑内特定的手术目标点，主持该手术的华山医院神经外科主任周良铺教授采用了核磁共振扫描导向立体定向术进行神经干细胞的移植。该手术共进行了3个小时，共计约500万个细胞分多点注射移植到患者脑内。

断肢再生话"种"手

再生医学的发展突飞猛进，许多激动人心的成果不断出现。然而，如果说一位不幸失去大腿的人，会同样长出一条新的大腿来，这似乎是一个离奇的梦幻，但科学家正在努力寻找打开断肢再生神秘之门的钥匙。

早在 1945 年，美国生理学家罗斯用青蛙做了一个有趣的实验。大家知道，青蛙的肢体只在蝌蚪时期有较强的再生能力，当长成青蛙后便失去了再生本领。实验时，罗斯把几只青蛙的前腿从膝盖以下截断，然后把残肢浸在浓盐水中，过了一段时间去观察，不禁大吃一惊：原来被截除的肢体长出了新的骨头和肌肉，而且有的还开始长出足趾。后来，有人每天用针头刺激青蛙断肢伤口，结果发现了再生现象。事实表明：对于一个天然没有再生能力的动物，完全可以用人工刺激方法促使其获得再生能力。

1973 年，美国纽约国立大学的贝克尔博士接收了这样一名病人，他的髁骨骨折，两年没有长好，经过两次矫正手术还是没有成功。在这种情况下，贝克尔尝试着在病人骨折部位植入一个电池，过了三个月，破裂的髁骨经再生之后，居然变得和原来一模一样。专家预言，再生可能很快用于治疗那些断了脊椎的病人。脊椎断了一般不会再生，但电刺激可能会使那些脊髓损伤的病人康复。

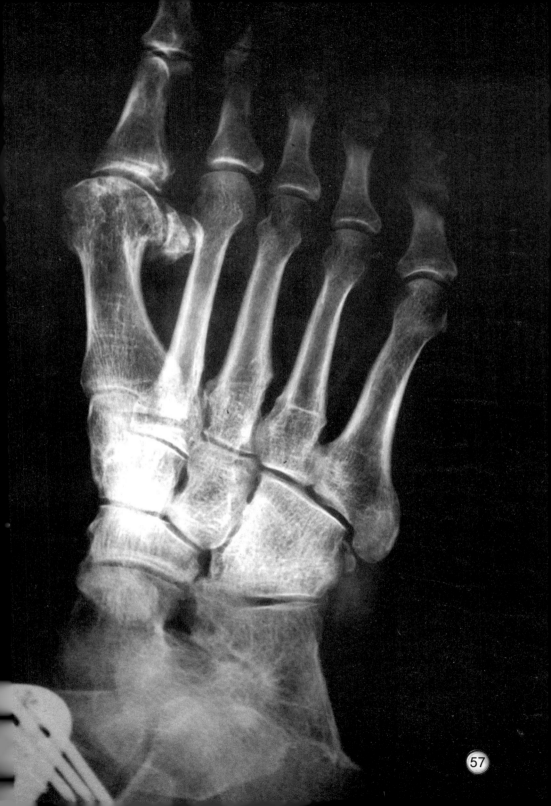

57

皮肤再生中干细胞培植技术

人体皮肤细胞具有很强的再生能力，所有皮肤损伤后很容易修复，这是人所共知的。但是，皮肤细胞的再生过程也是极其复杂的，其根源和动力在于皮下干细胞。

近代科学研究，从组织切片的光镜和电镜观察中发现了许多奇观：皮肤组织细胞损伤的特点是结构破坏，真皮层出现空泡坏死，发生淤血，真皮血管发生栓塞等。经过治疗后坏死的固体组织变成了液体组织。

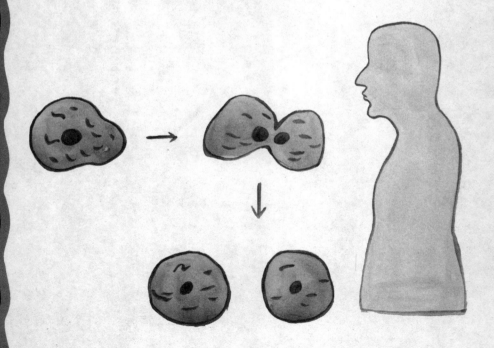

干细胞的存在及其周期性变化规律是临床治疗皮肤损伤的主要环节。有些细胞可长期处在 G0 期或 G1 期，只有在一定的条件下才出现增殖活动，但有些细胞可持续进行分裂活动。分裂后的部分子细胞可分化为执行一定功能的成熟细胞；另一些子细胞则保持连续分裂、增殖的能力，此即干细胞。正常皮肤表皮基底层干细胞可不断地进行分裂，新生的细胞向上移动，在到达棘层深部时，可再分裂 2～3 次，而后失去分裂能力。在烧伤的治疗中，采用免疫细胞化学方法在烧伤创面上寻找和印证干细胞。应用再生表皮干细胞能合成特有的 19 型角蛋白，用抗人角蛋白 19 型单克隆抗体，用生物素——抗生物素 DCS 体系间接免疫荧光技术，能准确特异地测定出皮下组织再生的表皮干细胞。

皮肤再生中干细胞培植技术

G0 期指具有分裂能力的组织中的细胞在反复分裂数次之后，处于停止分裂状态的时期。

G1 期是一个细胞周期的第一阶段。上一次细胞分裂之后，产生两个子代细胞，标志着 G1 期的开始。

巧取基因，
老人长新牙

1990 年 9 月 29 日上海《新民晚报》报道，八旬老人李申如长出 18 颗新牙，不仅能吃一般食物，而且还能吃炒蚕豆。这条消息引起了许多人的好奇。

对于老人长牙也引起了许多科学家的关注。最后，人们从牙齿的胚胎发育变化中找到了答案。

人的胚胎发育期一般有两套牙胚。第一套牙胚是在出生后 6～8 个月发育成乳牙，共 20 颗；第二套牙胚是在 7～8 岁时代替脱落乳牙的恒牙，共 32 颗。但最后一颗大臼齿（又称智齿）萌生很晚，有的终生不萌发。这是因为营养不良或牙床容纳不下。个别老人大牙脱落后未萌出的智齿牙胚才开始萌发。武则天长出的两颗新牙就属此类，医学上称为"阻生牙再萌出"。还有一些人在胚胎期就有第三牙胚，到了老年阶段开始萌发。像罗世俊、哈蒂杰等老人的新牙就属此类，医学上称为"后恒牙"。医学家在考虑，能否让所有牙齿不好的老人在晚年都萌生一口好牙呢？

据估计，拥有第三牙胚的人很多，经过检测后，对有第三牙胚的老人在需要萌生的时候，可以人工创造"后恒牙"的萌生条件；对于先天没有第三牙胚的老人，可采用基因工程技术，将牙龈其他细胞进行基因替代或基因转移治疗，也就是人工制造第三牙胚，促使其萌发。

当然，在科学技术高速发展的今天，人们保护牙齿的知识丰富了，恒牙的寿命也会延长。

肾移植手术随心所欲

肾脏是人体的污水处理站。它既有通过排尿完成体内的新陈代谢的作用，又有调节水和电解质平衡的功能。

1947年在美国波士顿一个医院，一位年轻产妇因子宫感染病毒发生了休克，10天处于无尿和深度昏迷状态。三位年轻医生半夜从一位刚死亡者身上取下肾脏，与产妇手腕上的肱动脉和一支大静脉血管接合，移植肾的输尿管很快喷出了尿液。第三天尿液减少，移植肾与输尿管开始肿胀。但病人病情大有改善，医生决定取下移植肾脏，2～3天病人恢复了自己排尿功能。这是人类历史上第一例肾移植手术。

肾移植成功是抗排异，为外来肾创造个立足生根的环境。排异主要是移植体的抗原与受者的免疫活性细胞的对抗反应，直接引起移植肾的损害作用。为了控制或减轻排异反应，免疫学家想了许多抗排异的方法。

随着科技事业的飞速发展，科学家能充分掌握每个国家待移植病人的白细胞抗原结构，并将其储存在电脑里，有供肾需要时能立即找到合适的受者，即使相距遥远也能保证72小时内开始手术。

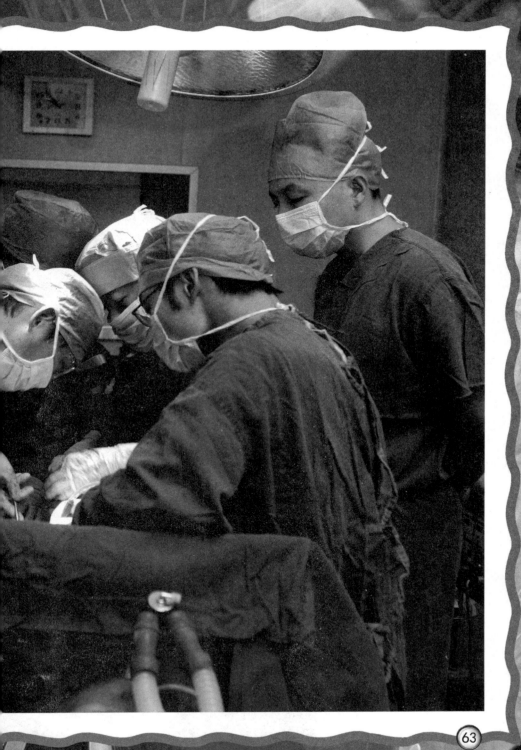

"修理"颈动脉严防脑卒中

在人类死亡的疾病谱上，脑卒中仅次于冠心病和肿瘤居第三位。目前该病在我国的发病率约为2‰，其中75%以上发生于65岁以上的老年人，约25%的患者在发病后1年内死亡，而幸存者中有半数生活不能自理，许多致残病人挣扎在痛苦之中。预防中风有许多方法，例如不吸烟、控制高血压和糖尿病、少吃动物内脏等高胆固醇食品。

脑卒中包括脑缺血性病变和脑出血性病变两大类，其中大脑缺血导致的缺血性脑卒中，即脑梗占

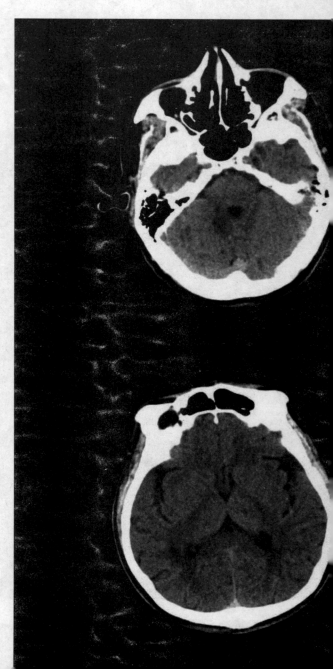

80%，其余 20% 的脑卒中是高血压、颅内动脉瘤破裂等颅内出血引起的。脑梗的主要原因是大脑的动脉狭窄或闭塞，供应大脑的动脉有一对颈内动脉和一对椎动脉。

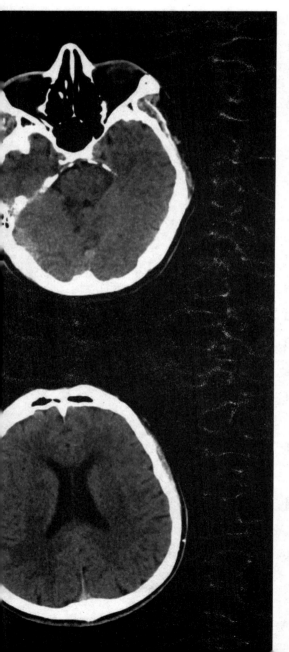

发现患者的脑卒中前兆是至关重要的，如果持续时间超过 24 小时，在医学上称为"可逆缺血性神经功能障碍"，最严重的缺血则导致完全性脑卒中，即脑梗。此时患者脑组织中出现明显梗死灶，神经功能障碍长期不能恢复，最终致残或致死。

目前，国内外已广泛开展了颈动脉内膜切除术，其手术成功率达95%以上。此手术是将狭窄部位的血栓、粥样硬化斑块及破坏的动脉内膜一起切除，使狭窄的动脉管腔恢复至正常的口径。近年来，随着微创腔内血管外科技术的发展，采用腔内气囊动脉扩张成形术加腔内血管支架或腔内人工血管治疗颈动脉狭窄已经取得突破。

白血病患者的生命曙光

白血病俗称血癌，是肿瘤细胞恶性增殖影响正常造血功能和免疫功能的一种恶性癌症。报据道，全世界每年白血病发病人数达 30 余万人，我国每年有 3 万～ 4 万人新患上白血病，且青壮年占 80% 以上，其中大部分人被无情的病魔夺去了生命。

近年来，经过广大医务工作者的不懈努力，白血病的治疗取得了突飞猛进的发展，无论是化学药物治疗，还是骨髓移植等，都收到了显著的效果。这里向大家介绍几种新的白血病治疗方法。

自体骨髓移植：医生先抽出患者体内的骨髓进行处理，而后对患者进行全身大剂量放、化疗，杀死体内的癌细胞，再将取出的骨髓回输到患者体内，并不断繁殖增生。此时，

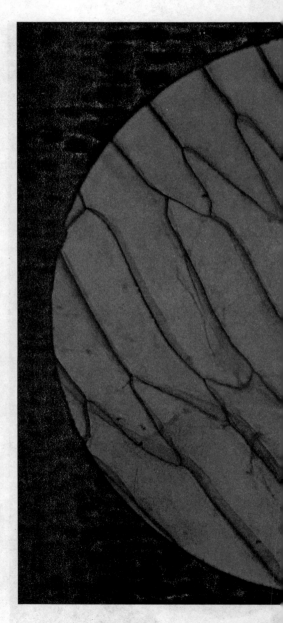

患者入住"一尘不染"的无菌舱，实行全环境保护和特殊护理，经过 4 ～ 6 周，患者的骨髓、血象可逐渐恢复。

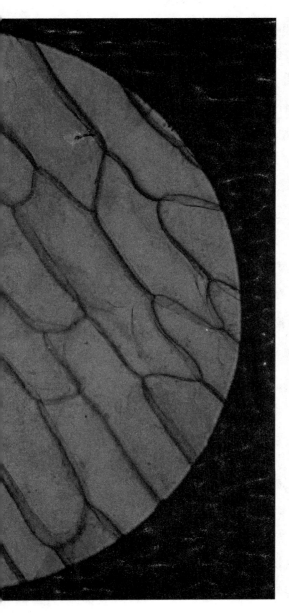

异基因骨髓移植：是将别人的骨髓输入患者体内，这里涉及人类主要组织相容性抗原（HLA）的配型问题。移植时须将受者的病态骨髓通过大剂量放化疗全部摧毁，再将 HLA 配型组合的健康供者骨髓输注给受者，并使之在受者体内获得再生，重建受者的造血及免疫功能。

外周血干细胞移植：20 世纪 90 年代国内外开始采用外周血干细胞移植替代骨髓移植，并获得了成功。该法只需从供者体内分离出约 100 毫升含有造血干细胞的血液，然后再输注到患者体内就可以了，相对抽取骨髓的做法，患者白细胞生长快，并能抑制以往骨髓移植后患者各种感染的并发症。这一技术已成为目前国内外普遍采用的方法。

"植物人"也能苏醒

人非草木，孰能无情？言下之意，人与草木的根本区别，就在于人有情感，有趋利避祸、认物知理的能力。但是，在某些情况下，如脑外伤、溺水、脑出血、先天性脑积水等，可造成大脑损伤和意识障碍，使人处于一种类似"植物"的状态：茫茫然视若无睹，对环境毫无反应，完全丧失了对自身和周围的认知能力；虽然能吞咽食物、入睡和觉醒，但无黑夜和白天之分，不能随意移动肢体，大小便失禁，完全失去生活自理能力；无任何言语、意识、思维能力；能保留躯体生存的基本功能，如新陈代谢、生长发育，且呼吸、脉搏、血压、体温正常。医学界将此种状态称为"植物状态"，我国则更为形象地称之为"植物人"。

"植物状态"是一种特殊的浅昏迷状态。因病人能睁眼环视，貌似清醒，故又有"清醒昏迷"之称。临床上如脑外伤后持续昏迷一个月以上，即可被诊断为"植物状态"。

按昏迷的时间长短，医学家又分为三种类型：

（1）昏迷 1～3 个月称为短暂性植物状态；

（2）昏迷 3 个月至数年称为持续性植物状态；

（3）长年累月地处于昏迷状态，称为永久性植物状态。昏迷时间的长短往往与脑损伤的轻重及损伤的范围密切相关，而且这些因素决定着病人的治疗效果。

过去认为"植物人"是不治之症，如今的医疗技术不断发展，采用药物、高压氧、特殊理疗、适当护理、防止感染、加强肢体功能训练，尤其是至亲至爱和语言、音乐等启发，对于前两种"植物人"来说是有可能复苏的。国内外应用脑神经干细胞培育增殖后移植收到了较好效果，这就为"植物人"的苏醒展现出美好的前景。

聋耳复聪的新佳音

失聪之人为聋。聋人十有九哑。尤其是先天性或婴幼儿发病的耳聋，几乎都哑。聋哑人不能进行语言交流活动，真是苦不堪言哪！

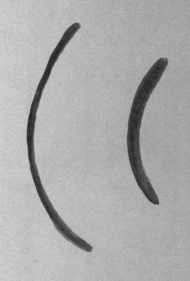

在人体的正常状态下，耳分为外耳、中耳、内耳。外耳和中耳之间隔有鼓膜，中耳内有三块听小骨，它们的主要功能是传音。感音的装置则在内耳的耳蜗。耳蜗的构造比较复杂，它的基底膜及其上面的毛细胞能将声波的机械能转变为神经冲动，传到大脑半球外侧面的"听区"引起听觉。这中间的任何部位有病变时都能产生听力障碍。由外耳、中耳病变引起的听力障碍为传导性耳聋，如耵聍栓塞、耳咽管阻塞、急慢性中耳炎等均属此类。现在可以用助听器来弥补听力不足，即由内耳的耳蜗毛细胞与听神经相连是一个声电换能器，能把传入的声波转变成电信号再传入大脑。由听神经发生病变所引起的听力障碍为神经性耳聋，也称为感觉性耳聋，如脑炎和脑膜炎的后遗症、药物中毒、噪音损害等耳蜗螺旋器损坏耳聋。老年人因内耳退化所致耳聋为老年性耳聋。

　　科学家非常关切聋哑人的困难，很早就研究人工助听装置。近年来中国医学科学院首都医院耳鼻喉科，在白求恩医科大学和北京无线电三厂的协作下，把人工耳蜗植入耳内已经基本成功。这一装置为老年性耳聋、药毒性耳聋和突发性耳聋者带来治疗的希望。随着技术的不断完善，人工耳蜗的构造会更精巧，功能会更强大，将为耳聋病人带来悦耳的福音。

看到光明的新时代

盲人整天生活在黑暗的世界里，那种艰难的境地是不难想象的。人类很早就在千方百计地寻找为盲人带来光明的工具，这天终于快到了。

1985 年在一个医用电子技术展览会上，有位"复明"的盲人正在现身说法。他非常从容地走到挂图前面，用指示棒指着人眼结构图："我们的眼睛就像一架照相机，前面的眼珠好比是镜头，后面的视网膜好比是感光底片。当物体反射的光线透过镜头——眼珠，射过底片——视网膜上的时候，视网膜就能以光电脉冲的形式将视觉信号传给大脑视觉中枢，这时人就看到了物体。"接着，他又指了指自己的眼部，回忆说："我的双眼是在搞试验时发生了意外事故失明的，虽然眼珠被摘除了，但我的大脑视觉中枢仍然完好无损，只要能使我的大脑视觉中枢接收到光的信息，我就可以双目复明。后来，眼科专家与电子技师们联手研究，给我安了一双'电子眼'。"说着，用手指

着几乎遮盖了他半个脸的麦克式眼镜，让大家仔细观看。只见这副特殊的眼镜的两个框上装有两个微型摄像机和一个微处理器。

其实，全盲人的"复明"远没有他介绍的那么简单。例如，由微型处理器传出来的光电脉冲信息强度与视神经传导的匹配问题，还有微电极细丝用什么原料材质合适，与视神经是如何衔接的？这些难题还有待于进一步研究解决。

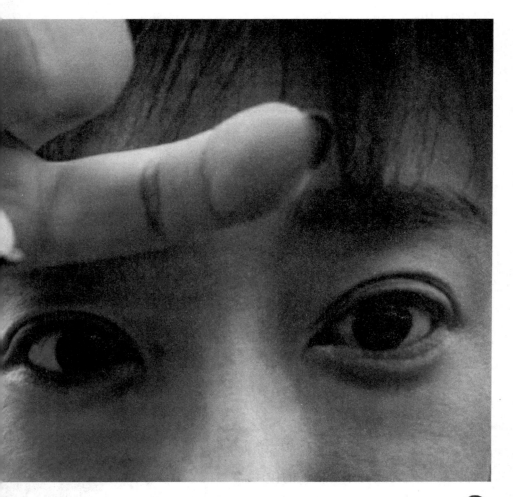

音乐疗法的新发展

音乐疗法是一种古老的治疗方法，古人早已把音乐和健康联系在一起，利用音乐改善人的身心功能。随着现代医学的发展及人们对健康定义的重新认识，音乐在现代医学中显示出越来越重要的作用。

音乐不仅是一种特殊的语言，而且是与人类心灵距离最近的语言。就音乐本身的性质来说，对于人类情感的宣叙和感知，均可以用音乐直接从心灵深处发出。有人把音乐比作现实与梦幻（心灵活动）之间的桥梁。

音乐有利于对人体智力的开发。音乐是开发右脑的重要途径。右脑是非语言脑，它负责处理音乐的信息和绘画。在大局上把握事物是右脑的功能，它产生形象思维，并负责记忆。日本医学教授品川嘉野发现，轻音乐，特别是古典音乐有助于刺激右脑，有利于智力开发。孕妇常听悦耳的音乐可促进胎儿的健康发育。研究人员发现，受到音乐熏陶的儿童在学习和交往方面比其他儿童进步快。保加利亚的拉扎诺夫研究用音乐来提高人的记忆力，发现音乐使学习能力有很大的提高，从而创造了超级学习法。说明音乐对扩展认识、发挥大脑的潜力具有不可估量的作用。

人工培养眼角膜

角膜移植为角膜病引起的双目失明病人带来了光明。进入 21 世纪，这项技术已经普及了。医学临床上，某些角膜损伤，如烧伤、化学损伤、放射线损伤、肿瘤或某些罕见的疾病都可能导致角膜干细胞受损，这意味着眼睛丧失自我修复能力，造成病人视力低下，甚至失明。而传统的角膜移植术，也非常复杂，不仅依赖于捐献者，还往往难以保证有足够的角膜细胞来补充受损部分。

多年来，科学家在千方百计地研究、寻找眼角膜的代用品，但始终难以如愿。这个难题一直困扰着眼科角膜移植术的发展。

现在，人类已经能够在实验室中成功地培养出角膜组织，并且将其移植到人的眼睛中，这为全世界因角膜病而失明的病人，带来了特大喜讯！

美国加利福尼亚

大学先后为 14 名因角膜病使视力严重受损的患者植入这种人工培养角膜，其中有 10 人视力已经恢复正常或有所提高。

科学家应用最新组织工程学技术，利用取自患者或志愿捐献者的一小块角膜组织，在实验室中应用特制的组织培养液，在适宜的温度、湿度调控下，将其培养成为较厚的细胞层，待细胞层成型稳定后，即可用于角膜移植。当角膜干细胞在受伤角膜上分化、成熟为成人角膜细胞时，病人的视力就能得到恢复或提高，而且，视力改善的标志是使疾病稳定，视力提高，并且不复发。

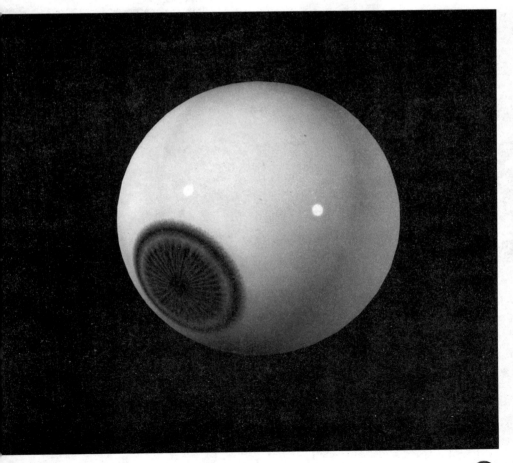

第四章
预防为主
防患于未然

预防医学是近百年发展起来的医学中的一个分科，也称为第二医学，顾名思义，是对于疾病要先做到防患于未然。也就是说，当人体健康处于第三状态，即亚健康状态时就要开始预防。这种预防是多方面的、多种方式的、多个层次的。可以预防注射，可以预防投药，可以服用适当的保健品，也可以增加体育锻炼。如果与心理障碍有关，还要通过适当途径进行疏导。

21世纪危害人类的疾病

21 世纪人类的主要疾病有哪些呢？科学家早有预测，生活方式疾病、心理障碍疾病、性传播疾病等。为唤起大家的防病意识，有必要将这些疾病的未来发展趋势及防治对策介绍一下。

生活方式疾病。所谓生活方式疾病就是由不良的饮食习惯、体力活动过少、吸烟、酗酒、情绪紧张等不科学的生活方式而造成的疾病，如糖尿病、高血压、心脑血管病、恶性肿瘤等。

心理障碍性疾病。世界卫生组织曾经提出这样一个黑色预言：21 世纪将是心理障碍的时代。由于多种因素的综合作用，许多精神心理疾病将取代生理疾病，而成为危害人类健康的大敌。社会环境因素，如城市人口急剧增长，嘈杂的生活空间，拥挤的交通，快节奏的生活，极易使人产生高度紧张而出现心烦易怒、头痛失眠、全身乏力等症，甚至引起心理变态，这是来自生活的威胁。

性传播疾病。自 20 世纪 80 年代性病在我国死灰复燃，流行区域不断扩大，年发病率呈持续上升态势。淋病居首位（约占 60%），其次是尖锐湿疣，再次是由衣原体或支原体引起的非淋菌性尿道炎。梅毒这两年开始抬头。艾滋病感染者增加近 10 倍，是

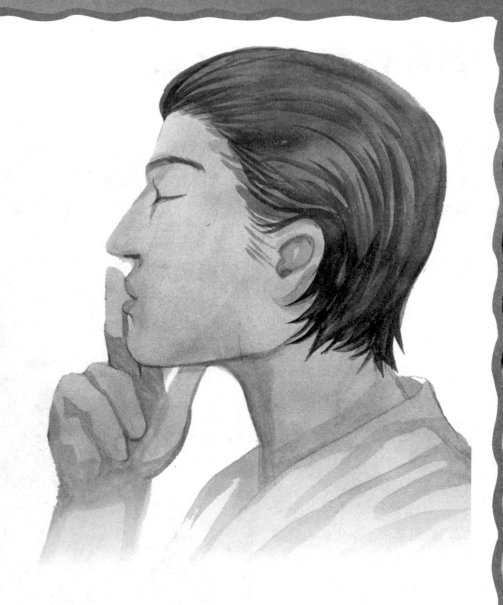

极危险的信号。

　　综上所述，21 世纪的疾病防治任务还非常艰巨。尤其是当代的青少年，从小要养成良好的生活习惯，注意维护自己的健康，让疾病远离自己。

远离伤害 尊重生命

天宇间万物之中，生命是最为宝贵的东西。从 51 万年前的新人时期人只能活到 14 岁到 21 世纪人均寿命达到 70 岁。可见，赢得今天的寿限是多么珍贵，保护生命格外重要。

"远离伤害"是由中国儿童青少年基金会发起实施的"安康计划"的一项重要内容。有关专家在"安康计划"的一次会上对培养青少年健康心理素质及遏制校园暴力等表示高度关注。

心理学家经过十多年研究，提出了中小学生的心理健康标准，那就是：了解自我、信任自我、悦纳自我、控制自我、调适自我、完善自我、发展自我、设计自我、满足自我。这些标准无一不体现了对生命的尊重和心理素质的提高。

"老年病"
袭向青少年

以往人们普遍认为，人只有进入老年时期，随着机体功能的衰退，才可能患上肿瘤、糖尿病、冠心病、高血压等所谓的"老年病"。然而，据相关资料介绍，近年来"老年病"的发病年龄不断提前。北京市肺癌的死亡年龄提前了 5 ～ 10 岁，而上海市男性肿瘤发病率 40 岁以下的占到 8%，其他地区青年人各类疾病的发病率均有上升趋势。"老年病"年轻化，已经不是偶然现象。

"老年病"年轻化有以下几种原因：

没被重视的青少年高血压的潜在危险。高血压的病因很多，除了遗传因素外，还与环境因素、生活方式密切相关。人在紧张、激动、恐惧、愤怒的时候，容易引起心慌和血压升高。青少年学习压力增大，竞争激烈，加上社会人际复杂，困难多多，容易使心理处于郁闷或焦虑状态，使血压升高，高血压往往是动脉硬化的前奏。

　　还有，部分青少年有脂肪肝。脂肪肝与肥胖、大量高脂肪食品、酗酒等均有直接关系。青少年懒惰，不爱运动，就会造成脂肪积累，体重超标，加重了心肺负担。是时候警惕青少年的老年病了！

围歼流感多变元凶

流行性感冒（简称流感）是流感病毒通过呼吸道传播的急性传染病。由于它不经常兴风作浪，所以一般情况下不被人们重视。近年来，艾滋病和埃博拉病毒给人们带来的恐惧感远远超过流感，更使其容易被忽略。

早在公元前 412 年，西方医学之父希波克拉底就第一次描述过流感。在流感被人类认识的数千年的时间里，每次流感大流行中都

给人类造成了全球性的灾难。为了防止流感的大爆发，世界卫生组织（WHO）早在 1948 年就设立了流感防治科研项目，流感也因此成为人类最早进行全球监控的传染病之一。

　　历史上著名的西班牙流感爆发于 1918 年第一次世界大战期间，这种致命病毒在欧洲出现，而后席卷了整个人类，并一连流行了 3 次，直到 1920 年才结束，至少有 2000 万人死于这次瘟疫，这个数字远远高出战争死亡人数；1957 年春天，流感再度在全世界大肆狂虐，十几天征服了所有亚洲国家，接着又在澳洲、美洲蔓延开了，最后侵吞了欧洲，感染发病全世界共有 15 亿患者，死亡达数百万计；1997 年中国香港发生禽流感，由于病毒的变异，原本只影响鸡的病毒开始祸及人类。这次流行给人类造成了极大的恐慌。流感的危害性还在于它的传播速度非常快。流感病毒通常通过患者打喷嚏时喷出的飞沫传播。流感患者一个喷嚏约含有 100 万个病毒，飞沫以 167 千米的时速，在 1 秒内喷射到 6 米以外的地方。由此可见，流感病毒散播的速度惊人。

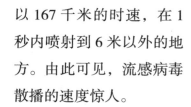

　　流感的传播速度还取决于流感病毒超强的变异能力。流感病毒每年都会变异出新的病毒株，而人们对这些新的变异病毒免疫力差，极易感染，这就使流感得以在人群中快速传播，形成爆发态势。

为了攻克这个难题，全世界研究流感的科学家绞尽了脑汁，要研究出高效的高水平抗体，寻找出新的能对抗多种变异的免疫方法。许多科学家为下次全球性流感大流行进行多方监察和探索，并加大宣传和教育力度，使公众重新认识流感，以正确的态度面对它。

日本曾强制学龄儿童接种流感疫苗，结果因肺炎和流感每年死亡的人数减少3.7万～4.9万人。以后随着免疫接种活动停止，死亡率又开始上升。这说明，近年来研制的流感疫苗还是有效的。最近美国研究表明，流感疫苗在健康人群的免疫力可达70%～90%，接种流感疫苗能有效地减少住院死亡人数。

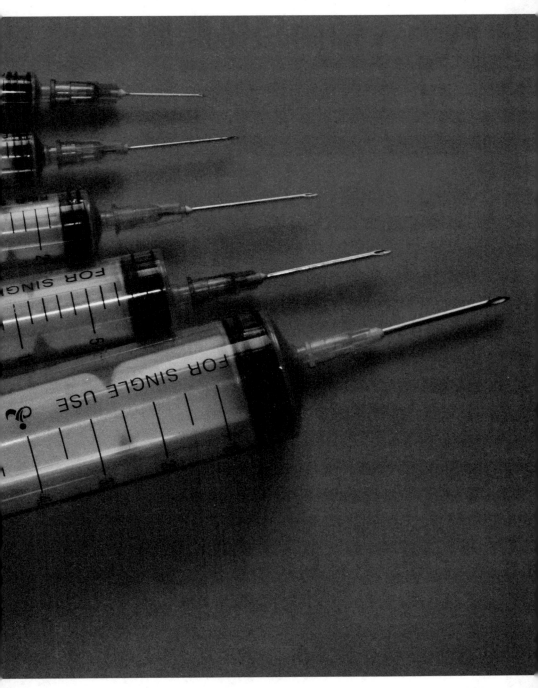

鲜为人知的短链脂肪酸

短链脂肪酸是指含碳 2～4 个的直链或支链脂肪酸，具体地讲就是乙酸、丙酸及丁酸，有时也把乳酸算在其中。人们长期以来一直忽略短链脂肪酸的生理重要性，近年对结肠功能的研究和结肠内发酵认识的深入，才认识到短链脂肪酸的意义。

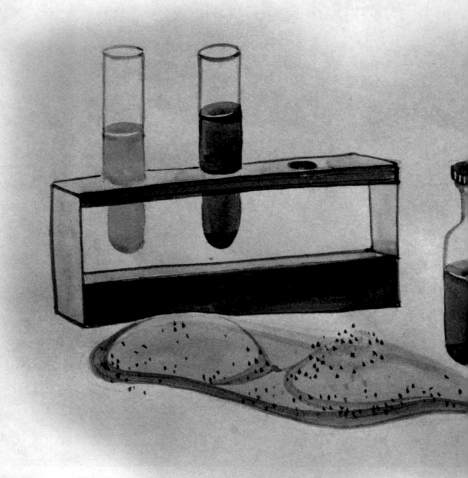

短链脂肪酸的主要来源是食物中的多糖、寡糖或单糖，这些糖的特点是在胃和小肠内不能被消化为单糖，因此不被上部肠道吸收。这些难消化糖只有被输送到结肠中才可被具有一糖甙链酶的细菌分解，形成短链脂肪酸，才能被吸收利用。抗性淀粉和可消化的食物纤维是短链脂肪酸的主要来源，多吃蔬菜、粗粮的意义就在于它们有植物纤维，虽然在小肠不消化，但在结肠中可被消化、吸收，并产生有用物质，包括短链脂肪酸。

短链脂肪酸的功能首先是产生能量，草食动物的胃和前部小肠可消化草中植物纤维，消化产物就是短链脂肪酸，吸收入血，进入肝脏，可供全身80% ～ 90% 的能量。人类摄入植物纤维等要进入结肠才可产生短链脂肪酸，所以只能供给10% 所需能量。

短链脂肪酸是肠道上皮的特殊营养因子，可维护全肠道上皮细胞的完整性和杯状细胞的分泌功能，并对黏膜免疫细胞有维护作用。短链脂肪酸中的丁酸对结肠黏膜的营养功能很受重视，丁酸主要在结肠吸收，而醋酸和丙酸要进入肝脏转成热能供全身所需。

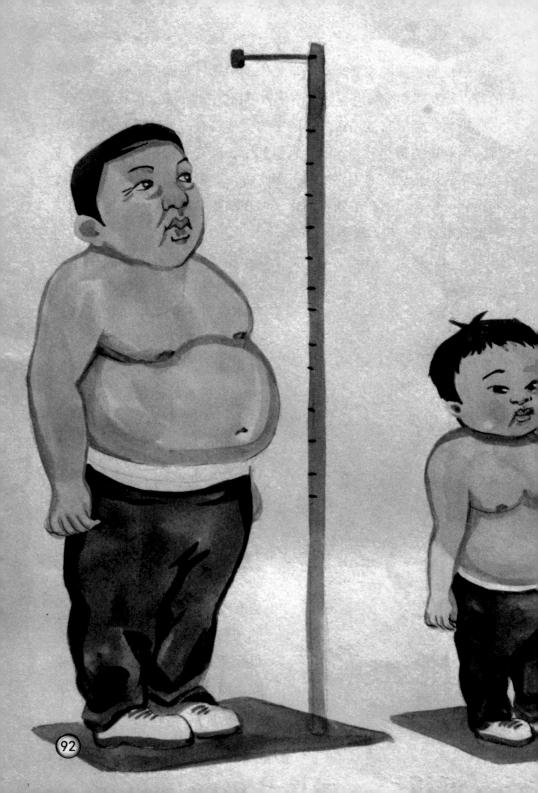

青少年患癌症不可忽视

提起癌症，人们一般先想到成年人才会得的"绝症"。但是，在现实生活中，青少年恶性肿瘤的发病率正呈逐渐上升趋势。大量医学资料表明，青少年可患的肿瘤已知有 50 多种，其中最常见的恶性肿瘤包括白血病、脑部肿瘤、恶性淋巴瘤、神经细胞瘤、睾丸瘤、肝癌等，而白血病要占青少年恶性肿瘤的 60%。

那么，青少年为什么也能患癌症呢？科学家经过多年的研究，得出了比较明确的结果，其主要原因有：

遗传因素。在同样的居住环境、生活习惯下，为什么有的人容易患癌，有的人不易患癌？ 最新的研究成果解释了这一疑团，那就是遗传基因，也就是说，癌症的发生与遗传有关。

环境污染。美国研究表明，住宅与花园内喷洒杀虫剂的家庭中，儿童白血病的发病人数比没喷洒的高 3.8 ～ 6.5 倍。我国的有关调查发现，农村中 40% ～ 50% 的儿童白血病与农药有关。

放射性辐射。研究显示，妇女怀孕期间若腹部接触 X 线照射，则其子女日后发生白血病的可能性要增加近 10 倍。

药物副作用。有些药物的毒副作用使人体中毒，有的使人体发生变态反应，有的抑制免疫系统，损伤正常细胞，并影响功能造成突变，或引起暂时性或长期性遗传缺损，因而导致癌症。

病毒感染。相关的病毒可引起恶性肿瘤。

被动吸烟也是一个不可避免的因素。

癌前病变并非都变癌

"**谈**癌色变"是 20 世纪癌症发病率显著上升留下的阴影。到目前为止，世界上每年有 700 多万人被癌魔吞噬生命。癌细胞几乎在人们身上都有，只不过青少年身上少些，或者癌变程度轻些；而中老年人身上多些，癌变程度重些。不管是什么癌症，细胞癌变有个过程。

当细胞开始癌变，还没有变成癌细胞时，称为癌前细胞。癌前细胞组成的病变称为癌前病变。癌前病变并非都会变成癌。

近 20 年来，由于纤维窥镜的普及和组织细胞活检技术的开展，癌症有了更确切的病理学诊断，更多的人想从预防的角度来了解癌症。就拿慢性萎缩性胃炎来说，随着纤维胃镜的广泛应用，其发现率越来越多，这种胃病就是一种癌前病变。一般情况下能与病人"和平共处"，不发生癌变，这种常见病是由于胃黏膜层不同程度的萎缩变薄。绝大多数患者经过合理、系统的治疗可以转化为浅表性胃炎或维持现状。有的癌前细胞经过治疗还能发生逆转，变为正常细胞。

癌前病变并不是癌，它与癌有本质的

区别，癌前病变检查不出癌细胞。因此，不应将癌前病变与癌等同起来。但是，人们必须时刻警惕癌前病变，定期复查，防止癌症发生。

从小防癌免除后患

从青少年时期开始注意防癌，严防致癌物质进入体内，改变不良生活习惯，防"癌"于未然。具体做到以下五个方面：

增加户外体育锻炼。生命在于运动，经常锻炼增加机体供氧量，促进血液循环，增强身体素质，有良好的防癌效果。

保持良好的情绪。"怒甚偏伤气，思多太损伤"，尤其是避免和减少各种情绪刺激活动，防止情绪波动，保持乐观向上的情绪是防癌的重要心理基础。

养成良好的生活习惯，尤其不吸烟、少饮酒、多饮水。吸烟对人体健康是百害而无一利的。烟燃烧可以产生 3700 多种化学物质，其中 700 ～ 900 种化学物质对人体有毒或有致癌作用。某些消化系统癌症与饮酒有关。而多饮水能减少一半膀胱癌的发生。据观测，不饮水的人是平均每天饮水 2.5 升的人患膀胱癌的 5 倍。

食物防癌。抗癌食品有红薯、芦笋、花椰菜、卷心菜、芹菜、西兰花、胡萝卜、苋菜、西红柿、大葱、大蒜、青瓜、

白菜等。

　　勿食霉变、腌制、熏烤、油炸等食品。霉变食品的霉菌毒素有致癌作用，如引起肝癌的是黄曲霉毒素或病毒。腌制食物中的亚硝胺，熏烤油炸食品中的多环芳香烃、芳香胺类物质都是致癌物质。

　　注意自己的生活方式和饮食卫生，是保证健康的基础。

生物致癌的Ⅰ级物质

食源性疾病的病因分为化学性和生物性两大类。生物性致病因素又包括细菌、真菌、病毒、寄生虫等。其中真菌及其毒素对食品的污染是重要的生物污染因素之一，而黄曲霉毒素对人和畜类肝脏有剧毒，且黄曲霉素 B_1 的毒性为剧毒化学药品氰化钾的 10 倍而名列真菌毒素之首。1988 年被国际癌症研究机构列为Ⅰ级致癌物质。

1960 年，英国 10 万只火鸡几个月内突然死亡，这一事件的发生导致第二年黄曲霉及黄曲霉毒素被发现、鉴定和命名。黄曲霉毒素主要由黄曲霉、寄生曲霉的某些菌株及其他曲霉、青霉、根霉的

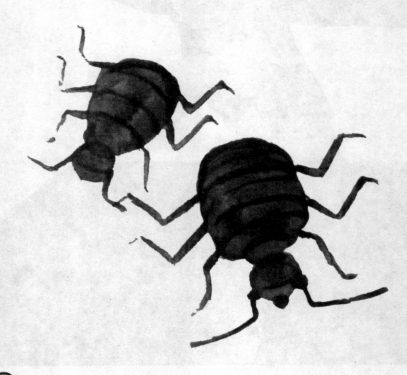

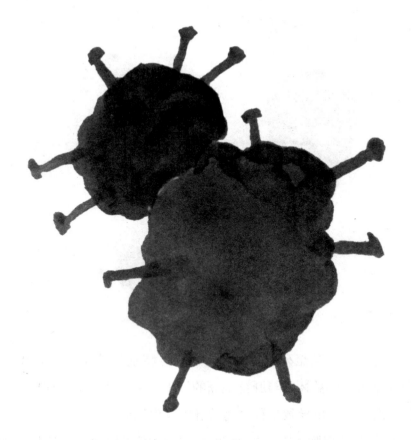

某些菌株产生，是对肝脏有剧毒，并且有致畸、致突变和致癌作用的一类二呋喃香豆素的衍生物。到目前为止，已发现的黄曲霉毒素有十几种，但作为食品和饲料中的主要污染物，且在公共卫生学上具有重要意义的有黄曲霉毒素 B_1、黄曲霉毒素 B_2、黄曲霉毒素 G_1 和黄曲霉毒素 G_2 四种，另有两种代谢产物 M_1 和 M_2。

农产品被黄曲霉毒素污染后不仅会造成经济损失，还会在人和动物摄入被黄曲霉毒素污染的粮食及饲料后引发急、慢性中毒。迄今为止，急性黄曲霉毒素中毒病例在世界许多国家，尤其在乌干达、印度等发展中国家报道较多。主要中毒症状包括呕吐、腹痛、肺水肿、痉挛、

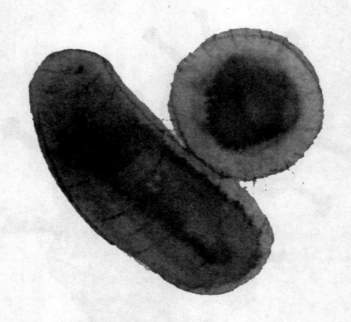

昏迷、脑水肿，甚至死亡。黄曲霉毒素，特别是黄曲霉素类 B_1 的慢性中毒作用主要被怀疑与肝细胞癌的发生有关。低剂量长期摄入或大剂量一次暴露，可导致多种动物的肝脏发生癌变。

原发性肝细胞癌在美国及西欧一些国家非常罕见，却是非洲及东南亚地区的常见肿瘤。在我国原发性肝细胞癌年发病人数为 11.02 万人，占世界病例总数的 45%。其地理分布资料显示，高发区位于江苏、浙江、福建、广东及广西等气候条件适于黄曲霉生长繁殖，具有亚热带气候特点的东南沿海地区。

来自中国、肯尼亚、莫桑比克、瑞典、泰国及菲律宾的研究表明，膳食低剂量长期暴露黄曲霉毒素 B_1 与人类原发性肝细胞癌呈正比的剂量反应关系。与城区相比，农村更为常见，就是因为农村以谷物为主要膳食而未注意谷物污染。

2001 年 9 月，广东、广西等地查出了"毒大米"数百吨，检验证实，其中掺杂的发霉的大米中黄曲霉毒素含量严重超标，引起了国家领导人和各大媒体的重视。这件事情告诉人们：米，本来无毒，但贮存不当就会发霉而变得有毒。人们必须清醒地认识到黄曲霉毒素的危害，杜绝这类Ⅰ级致癌物质侵害我们的青少年一代和更多的人。

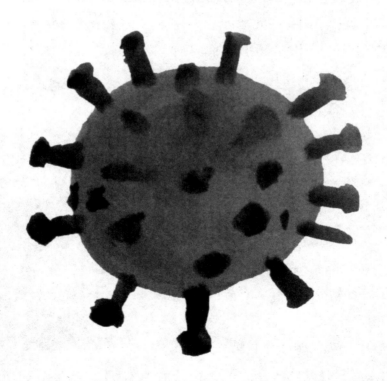

青少年贪嘴
后患无穷

软饮料。软饮料含有较多的糖、糖精及磷，饮用过多容易引起消化不良。磷元素过多会消耗身体内的钙质，造成缺钙的骨质疏松和龋齿，对骨骼发育产生极大的影响，直接影响身高的增长。

巧克力。适当地食用巧克力对青少年的生长发育是有益的，但关键是适量，不能过多。

含铝食品。铝进入体内很难由肾脏排出，对于青少年脑神经细胞有损害，影响生长，发育迟缓，容易使染色体畸变和发生骨质疏松。像油条、油饼、麻花等使用明矾类食品都含有铅。

熏烤食品。熏烤中产生致癌物质。再说，熏烤食品很容易受到有害物质的污染，特别容易传染疾病。

油炸食品。食物油在 200℃ 以上煎炸的食品含有较多的过氧脂质，过氧脂质对人体有害无益。在胃肠内能破坏食物中的维生素，损伤体内某些代谢酶类。

含铅食品。爆米花、皮蛋、罐头、膨化食品等都是青少年喜欢

食用的。其中含有大量的铅。铅是脑神经细胞的一大"杀手"。摄入过量会在脑内蓄积，影响脑发育，使情绪低落，记忆力减退，思维能力和反应能力下降，明显地影响青少年的智力水平。

防治骨质疏松的药物

骨质疏松是一种随着年龄增大体内钙代谢异常，极易导致骨折的全身性疾病。世界卫生组织（WHO）在 2000 年明确提出，骨质疏松是人体衰老过程中的一种病理现象。其发病率高，致残率高，应积极预防，提早发现和正确治疗。并强调，对 45 岁以上女性和 60 岁以上男性，应定期进行骨密度测定。当诊断为骨量减少时，就应予以相应治疗。

治疗必须是在有目的、有计划、有医生监测下进行，也绝非单纯"补钙"就万事大吉。

促进骨矿化类药物，主要有钙剂和维生素 D。钙研究认为，钙剂是预防骨质疏松的基础药物。而在骨质疏松的治疗中，钙剂仅是一种辅助用药，过分夸大钙剂在骨质疏松治疗中的作用是不科学的。钙主要在肠道吸收，故补钙以口服为好，以 600 ～ 800 毫克 / 日较为适宜。补钙要分次进行，尤其临睡前服用意义更大，因骨分解主要在晚间空腹时发生。

维生素 D 是人体内分泌代谢中的重要物质，维生素 D_3 活性代谢产物是循环中的钙调节激素，能促进小肠对钙的主动吸收；加速

成骨细胞的基质合成，促进骨矿化；增加肌力，增强神经肌肉协调性，有效地降低骨质疏松的骨折发生率。钙剂只有在活性维生素 D_3 的作用下方可被骨骼有效地利用。

艾滋病将穷途末路

艾滋病（AIDS）这个被人类称为"世纪瘟疫"和"超级癌症"的恶魔，自从 1981 年在美国首例确认以来，在非洲以外的世界各地肆虐一时，又调过头来向欧洲大陆频频发起进攻，亚洲也面临威胁，

整个世界形势严峻，艾滋病严重地威胁着人类的生存和发展。

艾滋病是由艾滋病病毒（HIV）感染的致命性传染病。据联合国统计，到 1996 年 12 月止，全世界已有 640 万人死于艾滋病，大约有 2260 万人患有艾滋病或受到艾滋病病毒感染。进入 21 世纪，数目急剧增长，感染和患病人数高达 5000 余万。亚洲的艾滋病病毒感染者迅速增长，据估计，亚洲可能继非洲之后成为新的重灾区。我国已有艾滋病感染者 100 多万人。而且，艾滋病有着几乎 100% 的病死率和迅速蔓延的惊人速度！

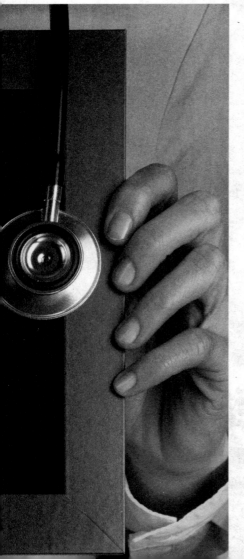

人类对艾滋病的抗争采取了一系列措施：

控制传染源，普及科学知识，唤起民众自我觉醒，提高社会的卫生文明水平。

新的治疗艾滋病方法将陆续问世。"鸡尾酒"疗法是 1996 年华裔科学家侯大一发明的治疗艾滋病的组合疗法，一经问世，引起了巨大影响。根据艾滋病毒的繁殖周期的不同环节，使用 3～4 种药物，取得了较好的疗效；基因疗法可以用正常基因代替或转移病态基因，不给艾滋病病毒的繁殖留下遗传条件，可以歼灭艾滋病毒。

面对肝炎病毒的攻坚战

　　近些年来肝炎病毒向人类发起了疯狂进攻。据有关资料统计，人群中乙肝病毒感染率高达 60%～80%，按地球 65 亿人口计算，光乙肝病毒感染者即为 36.6 亿～48.8 亿人。至于甲肝、戊肝到庚肝病毒感染那就更多了。当然，感染人数多，发病人数虽仅占感染的 10% 左右，但也不是小数，对人类的健康构成了强大的威胁！

　　在病毒性肝炎病人中，有 10%～20% 检测不到已知肝炎病毒的血清学标志，但他们具有肝炎的症状和体征，肝功能异常，因此被诊断为血清标志阴性的病毒性肝炎，或非甲－非戊型肝炎，有的甚至被诊断为新型肝炎。然而，北京大学医学部从全国 6 个城市收集了近 200 份血清标志阴性的标本，应用灵敏的肝炎病毒血清标志试剂盒重新检测，随机抽取 104 份血清标本，其结果是：31 份（30%）为乙肝病毒核酸阳性；4 份（4%）为丙肝病毒核酸阳性，23 份（22%）为戊肝病毒核酸阳性，其余 46 份（44%）确为肝炎病毒血清学标志阴性。有人认为，这部分可能是新型肝炎病毒引起的。也就是说，肝炎病毒不只已发现这六七种，还可能有新的病毒……

首先，慢性乙肝的罪魁祸首是乙肝病毒，也是对人类威胁最为严重的。现已查明，由于人体遗传基因决定的对乙肝病毒的免疫力

低下，是导致发病率高的主要原因。其次是后天不良因素所致，如心境不佳、人际关系紧张、竞争压力大、纵欲、过劳、失眠、营养不良、光照不足、辐射干扰等。这些都能引起不同程度的发病。

过去认为 C 型 GB 病毒能引发庚型肝炎。1995 年美国学者分别从西非和美国非甲－非戊型肝炎病人血清中扩增到一个黄病毒样病毒基因，最初认为是引起庚型肝炎的病毒。但目前多数研究认为，C 型 GB 病毒不能引起肝炎。乙型和丙型肝炎病毒合并感染 C 型 GB 病毒后，并不加重病情。TT 病毒，又称为经血传播病毒，以及最近发现的 TT 样微小病毒和 SEN 病毒的致病性尚未定论，但多数学者认为这些病毒并不引起肝炎。

病毒性肝炎的治疗主要有两个方面：一是保肝对症治疗，二是病因治疗。病因治疗认为是抗病毒治疗，实际上对抗性治疗副反应增多，加重经济负担，治疗效果欠佳，尤其是远期疗效是徒劳的。目前还没有一种抗病毒药物是真正抑制病毒复制和清除病毒。即使将来有一种药物能杀灭病毒，但对乙肝病毒免疫力不能恢复的患者也是不利的。

增强体力，调整心理，保持免疫功能的最佳状态是防治病毒性肝炎的最好途径。

当心自身免疫性肝炎

说起肝炎，人们先想到的是病毒性肝炎。近年来把病毒性肝炎根据不同类型的病毒引起的肝炎分为甲型、乙型、丙型、丁型、戊型、己型、庚型等7种。其次，还有化学性肝炎，像药物性肝炎、酒精中毒性肝炎等。最常见的还有甲、乙、丙肝和药肝、酒精肝等。乍听到自身免疫性肝炎，还真有点生疏，不过慢慢地被人们熟悉了。

自身免疫性肝炎是近些年来新确定的疾病之一，该病在欧美国家有较高的发病率，如美国该病占慢性肝病的 10% ～ 15%，我国目前对于该病的报道也在日渐增多，有必要提高对此病的认识。

自身免疫性肝炎是由自身免疫所引起的一组慢性肝炎综合征，临床表现与病毒性肝炎极为相似，常与病毒性肝炎混淆，但两者治疗迥然不同。

自身免疫性肝炎最早于 1950 年提出，由于该病与系统性红斑狼疮存在某些相似的临床表现和自身抗体，最初被称为"狼疮样肝炎"。以后发现该病与系统性红斑狼疮病人在临床表现和自身抗体上有明显差别。最近，国际会议将"自身免疫性肝病"和"自身免疫性慢性活动性肝炎"统称为"自身免疫性肝炎"，并取消了病程 6 个月以上的限制，确定该病为非病毒性感染性的自身免疫性疾病。

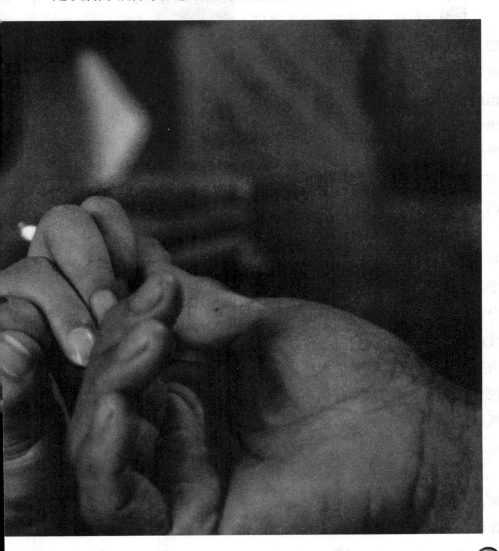

"虫牙"防治要"抗电"

龋病俗称"虫牙"，是人类口腔发病率最高的疾病之一。尽管目前我国龋病发病率还只有 50% 左右，但随着人民生活水平的提高，有可能很快赶上发达国家的 90% 以上的高发病率水平。因此，研究龋病因机理和有效的防治措施是关系到人民健康的大事。

经典的龋病因机理的理论是 1890 年美国米莱尔（Miller）提出来的"化学细菌学说"。他认为，细菌（菌斑）分解滞留于牙面的糖产酸，酸可以使牙齿局部脱矿破坏成洞。1987 年我国有关专家用精密的牙齿表面电位测试仪在临床上发现，龋变牙面存在着氧化还原（Eh）负电位。如果按龋病充填治疗的要求，将龋洞内龋变组织去除，则原有的负电位极显著地减小，基本达到健康牙面的水平。

龋病的发病机理首先是以变形链球菌为主的细菌在牙面形成菌斑，形成致龋的微环境。而牙菌斑内可产生大量自由基，有强氧化作用，能使菌斑牙面形成 Eh 负电位，并产生电子流。电子流通过

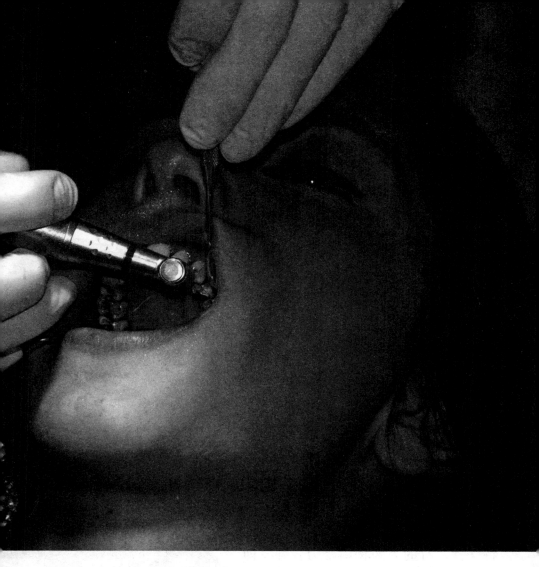

时会产生氧化腐蚀作用从而导致龋洞的生成。 单纯的酸作用只能造成牙齿的酸蚀症，它与龋病的病理特点是完全不同的。

　　新的理论对开拓新的龋病防治方法有一定的指导作用，按照化学细菌学说，龋病是由酸腐蚀引起的，预防的原则是"抗酸"。而按照生物电化学理论，龋病是由细菌产生自由基诱发 Eh 负电位，产生电子流腐蚀引起的，预防的原则应该是"抗电"。

预防耳毒性药物致聋

药物致聋的最大受害者是少年儿童。俗话说，十聋九哑。一旦发生了永久性听神经和器官损害，又没有尽早进行语言训练，哑必无疑。为了引起社会各界重视，由卫生部等 10 部门决定，每年的3 月 3 日为我国"爱耳日"，2000 年第一个"爱耳日"的主题是"预防耳毒性药物致聋"。

怎样能早期发现和诊断儿童药物耳聋呢？在大剂量应用耳毒性药物后几天或数周内，患儿感到平衡失调、眩晕、周围物体旋转，严重者恶心、呕吐、上下唇及四肢麻木、反应迟钝等。耳蜗中毒症状表现为突发性或进行性听力减退，初期高频区听力下降，进而出现全频率听力下降，常伴有高调经久不息耳鸣。

一般说来，耳毒性药物用量越大、时间越长，发生耳聋的可能性就越大。然而也有特殊性，有的人药物耐受力较强，即使同等或略大些剂量也没反应。这种耐药能力与遗传有关。如在一个家族中有一人发生链霉素中毒，其他成员的中毒可能性就很大，故用药应该慎重。

预防耳毒性药物致聋，关键

是用药慎重。在使用有耳毒性药物时应重点考虑患者状态和药物性能两个方面的因素。从患者方面考虑：对幼儿、儿童、少年及高龄病人，特别是有耳毒病史和家族史者用药应尤为慎重；孕妇用药首先考虑药物对胎儿的影响，要警惕药物潜匿副作用和延迟中毒的危险性。从药物选择方面考虑：尽量避免发生不可逆的耳蜗和前庭损害，选择有效而毒性较小的药物，保持最小的日剂量和总剂量，尽量不合用两种以上耳毒性药物。

香烟对人体毒害非常大

《关于宣传吸烟有害与控制吸烟的通知》中指出，"鉴于青少年正在生长发育时期，最易受烟草中有害物质的毒害，建议教育部门在学校进行宣传教育，并作为纪律禁止大、中、小学生吸烟。"世界卫生组织（WHO）关于1980年世界卫生日的公开信中说，"吸烟也许是世界上最大的一项可以预防的于健康有害的因素"。并定为当年4月7日国际卫生日的主题是"要吸烟，还是要健康，任君选择"。这些年来，吸烟危害健康的宣传不断增强，可是走进烟民队伍中的人数越来越多，尤其是青少年……

吸烟其实就是环境污染。烟草的燃烧过程中释放出包括尼古丁、氰氢酸、氨、一氧化碳、二氧化碳、吡啶、芳

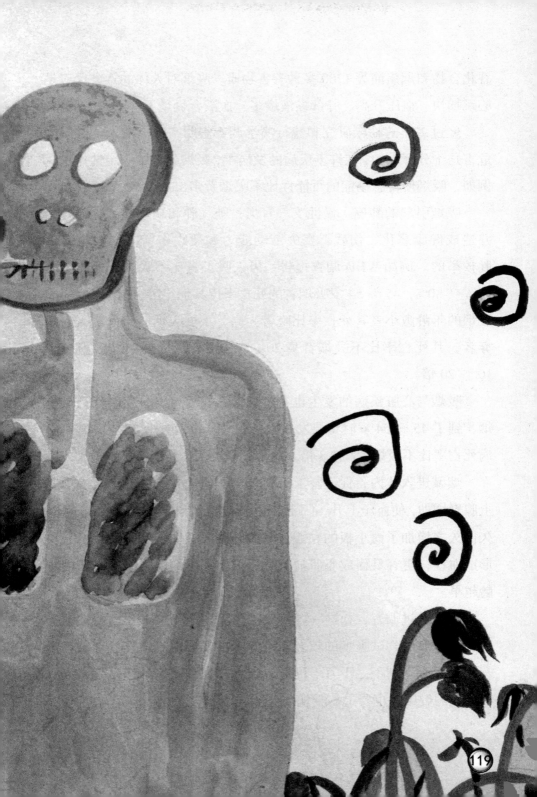

香化合物和烟焦油等1200多种有害物质。吸烟对人体的毒害反应是心跳加快、血压升高、肺部黏液增多、血液含氧量下降。

经过多年的临床研究和流行病学调查表明，吸烟对人体健康的危害是十分严重的，在许多疾病的发病中，吸烟起到了决定性作用。例如，吸烟使得患癌症的可能性比不吸烟者多出110%。

吸烟引起的肺癌、慢性支气管炎、肺气肿和缺血性心脏病等，并造成健康恶化、伤残、丧失劳动能力和死亡率增高的报告是不胜枚举的。例如WHO调查报告：男人吸烟者比不吸烟者死亡率高30%～80%；45～54岁吸烟者的死亡率比其他年龄组吸烟者为高；吸烟的年龄愈小者其死亡率比晚者为高，重度吸烟而又大量吸入烟雾者，其死亡率比不吸烟者高20%～40%；吸烟提高肺癌患病率10～20倍。

吸烟与心脏疾病的发生也有密切关系。如果青少年时代开始吸烟，到了45～54岁时将要发生心脏病。若每天吸烟20支，其心脏病死亡率比不吸烟者高2.8倍。这与烟碱的吸入量有关。

烟碱进入体内，促进肾上腺素分泌，释放儿茶酚胺。血液中肾上腺素增加，使血压上升，心跳加快，心电传导异常，心脏供氧不足，久而久之增加了血小板的黏滞性和血脂浓度，促使动脉硬化，容易形成血栓，更容易促成心肌梗死。所以说，吸烟越早患冠心病的年龄越早。

有人做过调查，初中一二年级的学生，出于好奇、出于炫耀等心理，偷偷地尝试吸烟的较多，待偷吸成瘾后就难以摆脱。"吸烟有百害而无一利"，千万不可误入歧途。为了保护环境，为了自身和他人的健康，也要远离吸烟。

NO smoking

X

121

第五章
轻松走进
保健新时代

保健就是保护人体健康，首先，要有健康意识。如果忽略了健康观念，淡化了健康意识，生命就会受到冲击。其次，要有保健意识，那就是要有保健知识、保健方法、保健投入、保健储蓄和保健检测。例如，合理营养、适量运动、戒烟限酒、心理平衡、无病早防、有病早治等，这些都是自我保健必不可少的措施。

21世纪的保健重点

21世纪是一个挑战与机遇并存的世纪。人类健康也将面临同样的局面。

当然，对于未能控制的传染病也不能放松。在发展中国家，像结核、肝炎、伤寒、疟疾、登革热等，要从整体上扼制住肆虐的凶恶势头。其保健重点集中在六个方面。

第一，癌症仍是人类面临最大死亡威胁，特别是肺癌、结肠癌，将随着吸烟、不健康膳食以及环境污染继续恶化。除了发展医药科学外，调整生活方式，保护生态环境，纠正不良习惯和嗜好是当务之急。

第二，糖尿病患者队伍将以极快的速度发展壮大，发病人数增长最高最快。一是与膳食结构改变有关，二是因为环境、遗传因素的影响。伴随着心脑血管病、慢性肾衰、视网膜病变、双足运动障碍等糖尿病并发症急剧上升。

第三，艾滋病在世界范围内继续蔓延扩散，如不严加防范，将成为人类面临的最凶残生命杀手。只有洁身自好远离传染源，才是唯一有效的预防。

第四，吸烟、高脂膳食、缺乏运动、肥胖等危险因素引起的冠心病、脑卒中等严重影响生命质量，得病越来越年轻化。

第五，随着老龄化社会的到来，老年保健问题将

124

日益突出，像老年性痴呆、循环系统疾病、精神障碍等退行性病变的沉重压力。必须加强对老年健康问题的研究。

　　第六，由于贸易全球化和旅游业的不断发展，人口迁移日益广泛，必须加强对食源性疾病、新传染病、复发回潮传染病的监测和预防。

保健意识应从
青少年开始

人生从少年进入青春期后，身心发生重大变化，同时受周围环境、学习生活条件的影响，身体健康状况表现出既不同于童年，又与成年人有区别的某些特征。归纳起来，青春发育期多发病有如下特点：某些器官甚至某些系统功能失调性疾病比较多见；与生长发育密切相关的异常现象容易发生；同脑力活动为主的学校学习生活环境条件相联系的多发病患病率较高；有些疾病是成年甚至老年性疾病的先兆；意外事故造成的死亡明显增加。

随着医学科学的发展，人们对青春期常见病认识也在不断深化，青春期的异常和疾病，不仅是人们熟知的性发育迟延、性早熟、月经病、手淫、痤疮等比较多见，而且少年性高血压、青春期甲状腺肿、边缘性缺锌、缺铁性贫血、神经衰弱、结核病、风湿病、肥胖症、近视眼、脊柱弯曲等病在青春期也较多见或加重。这些疾病的形成和发展往往是多种因素综合作用的结果。因此，青少年必须重视自我保健，采取综合性预防疾病措施。

　　科学合理地摄入充足营养。处于青春发育初期的少年每千克体重的日热能需要量明显大于成年人，蛋白质的足量才能维持正氮平衡（摄入和贮存氮量多于排出），蛋白质占摄入量的1/3～1/2。三大产热营养素（蛋白质、脂肪、糖类）比例适宜。无机盐、维生素、微量元素必需物质要足量。

应该正正经经吃早饭

在吃已不成问题的今天，却有许多人不会吃。营养卫生学家发现，早饭的糊弄已成为营养卫生的重大缺陷，尤其是青少年不吃或少吃早饭极为普遍，给青少年的生长发育带来了重大影响。

一般没有人用充分的时间来准备和享用早餐。有人对 20～50 岁的人做过调查，根本不吃早餐的占 20%，偶尔吃早餐的不足 5%。对北京 8 所中小学早餐状况调查，有 60% 的孩子基本上每天吃早餐，有 40% 的学生偶尔吃，有 15% 的学生根本不吃。有 24% 的学生在第三四节课时就有饥饿感或疲劳感，说明其早餐的质与量均不足。

拓宽预防感冒的大视野

感冒可分为普通感冒和流行性感冒两大类。

普通感冒是由多种病毒或细菌引起的。其诱因是过度劳累、着凉、休息欠佳等。患上普通感冒，局部症状较重，通常由咽部发干、打喷嚏，进而微热、流鼻涕、鼻塞等，少数出现全身症状或并发症，一周左右可自愈。

流行性感冒（简称流感）是由流感病毒（包括甲、乙、丙三型），经呼吸道传播和接触传染源发病的。流感起病急，全身症状重，有高热、头痛、四肢酸痛、咳嗽等症状。部分病人有胃肠道反应，如恶心、呕吐等，严重时可并发气管炎、肺炎、心肌炎等疾病。病程一般也在一周左右。流感属于呼吸系统传染性疾病，流行性较为严重，故拓宽预防视野，加强预防措施是极为重要的。

疫苗。关于流感疫苗的研究已经许多年了，由于流感病毒多变异，所以疫苗预防效果不佳，因为病毒多变，疫苗的免疫功效有特异性，找不准是哪种疫苗的对应病毒。因此即使接种了流感疫苗，也不可麻痹大意。

饮食预防法有很多，像喝热姜汤有驱寒暖身作用；每天喝碗鸡汤，多种氨基酸，特别是其中的半胱氨酸有增强免疫力作用；多吃大蒜、洋葱有杀菌杀毒功效，大蒜素生食能提高免疫功能；多吃含锌食品，增强机体酶类物质的活性，提高免疫效应，有抗感染、防流感的作用；多吃富含维生素 C 的食品。

青少年早防高血压

人们一般认为，患高血压是成年人的疾病，其实青少年也患高血压。据研究表明，近年来青少年患原发性高血压的并不少见，而成人的高血压往往也是在儿童时期或青春期开始演变的。因此，青少年的血压问题，已经引起了科学界的极大关注。

引起青少年高血压的原因：

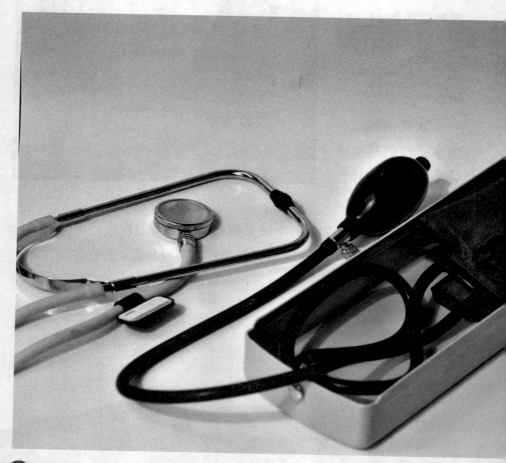

遗传因素。人类的高血压与遗传密切相关。研究显示，父母均有高血压的，其子女患高血压的可能性为 40%；父母一方有高血压，其子女患高血压的可能性为 28%；而父母血压正常，子女患高血压的可能性仅为 3%。

某些嗜好的影响。大量研究表明，高血压与饮酒量密切相关。经常饮酒者比不饮酒的高血压患病率高出 2.5 倍。吸烟的比不吸烟的高，而青少年吸烟者患高血压危险度更大。

饮食因素。食盐的摄入量与血压密切相关。食盐量越多，血压相对越高。据调查肥胖者患高血压是体重正常者的 2～6 倍。而饮食总热量过高是发生高血压的一个重要因素。

精神心理因素。长期处于紧张有害的生理环境中，容易发生持续性高血压。尤其是具有紧迫感、有强烈竞争意识和脾气急躁的 A 型性格的人，患高血压的情况明显多于 B 型和 C 型性格者。

环境因素。长期接触 90 分贝以上噪音或微波者，可诱发高血压。镉可以引起高血压。

青少年注意预防高血压，可有效地减少成人患高血压、冠心病、脑卒中等心脑血管病的可能性。为了一生的健康，要从青少年防病。

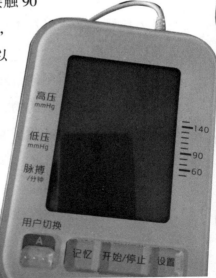

意外伤害是青少年第一杀手

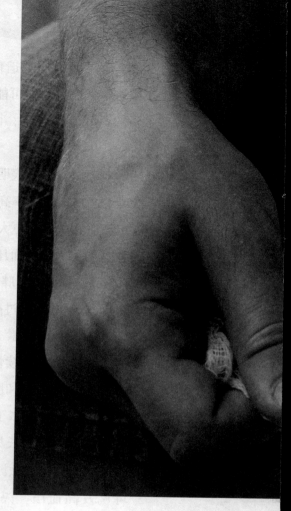

据调查，造成青少年意外伤害的因素有四个方面：

第一，儿童及青少年的年龄、性别和生长发育水平。年龄越小，危险意识越小，越容易发生意外伤害。随着孩子年龄的增大，特别是到了十一二岁时，行为冒险性增大，也容易发生意外伤害。尤其是男孩好动，所以发生意外伤害的概率更高。

第二，家庭或周围的自然环境。如果家庭一些危险品设置没注意到安全性，如刀具、药物、热水瓶、电源等乱放，缺乏必要的防护措施，可能使年幼的孩子发生意外。周围的建筑工地、水塘、马路等都是伤害的危险因素。

第三，家庭社会因素。据调查发现，在有慢性病患者、经常来客人、有上夜班的、家庭成员经常吵架和离婚的家庭中，青少年发生意外伤害的多。

第四，家长缺乏意外伤害预防知识，缺乏预测和警惕性的。许

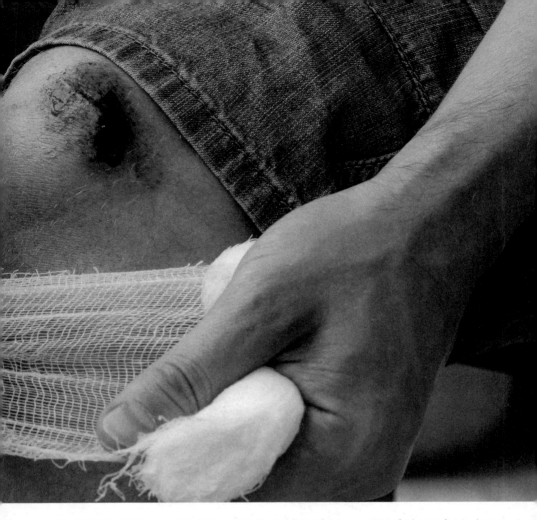

多意外伤害发生，事前已有潜在危险性存在。只要家长具备这方面的知识，就能积极地预防意外伤害。

　　预防意外伤害，一是要加强对青少年的监护，尤其对幼儿和儿童，不要让他们接触危险物品；二是注意家庭危险物的放置；三是买玩具注意安全意识，如尽量不买带子弹的玩具手枪；四是对孩子要加强意外伤害的健康教育，提高青少年自我防范的警惕性；五是加强意外伤害的急救知识的教育，常备一些急救药品。只要采取可行的预防措施，就会使青少年远离伤害，躲过"第一杀手"。

严防青少年的突然事故

如何严防青少年意外事故，已是儿童保健中不容忽视的重要环节。

车祸。青少年过马路爱跑，应避免青少年横穿马路。车祸大多数发生在交叉路口或青少年熟悉的区域内，所以，父母和老师要经常提醒。

溺水。夏秋季节是青少年活跃池塘、海滩的大好时光应避免在这些欢乐之中酿成溺水悲剧。青少年玩水时，成人要注意监护，最好组织集体活动，要设法严格组织，互相照顾，注意安全。

坠落伤。据调查，有50%的坠落事故是在家里发生的，常常是由于儿童独自一人在家或仅有一名不到15岁的儿童在照管。易发生坠落伤的地方是楼房窗口或阳台上坠落并不罕见，从椅子上、床上或楼梯上摔下来也时有发生。因此，家长要教育孩子，预防坠落伤。

烫伤。据调查，13岁以下儿童烧伤，有80%是烫伤所致。大部分烫伤是在餐桌上或厨房里发生的。最常见的是被热水、热汤或热锅烫伤。

窒息。其中绝大多数是儿童用品和玩具呛入气管引起的，如小球、弹子、饰物、玩具填充物、摇篮螺栓等。近些年来，青少年玩的气球、口香糖等堵塞呼吸道引起窒息日益增多。

触电。因触电致死的青少年并不少见。尤其目前家电使用增多，电源插座剧增，这就带来了安全隐患。

药物中毒。由于家庭药物管理不严，引起青少年误服药物而中毒屡见不鲜。

人们增强防范意识能有效避免意外事故的发生。所以，要重视！

适合青少年的健身运动

"**生**命在于运动"，青少年的生命更需要运动。因为体育运动是对脑力劳动的促进。那么，哪些运动适合并有利于青少年的健康呢？

长跑有助于生长发育。据观察，发现经过一年长跑训练的少年，身体发育正常，身高、体重的增长还略高于一般儿童。专家们认为，对青少年可以将耐力训练作为基础。从生理功能观察，长跑有利于心功能增强，心搏血量增多。由于长跑锻炼使钙磷代谢增强，使骨密度增高，骨生长速度加快，故身高的增长较为明显。

弹跳运动健脑益智。弹跳运动健脑是因为能促进脑神经细胞

的活力，使血循环加快，脑细胞供血和供氧充足，故而使神经反射活跃，思维敏捷。据生理学家观测，凡是能为大脑增氧的健身运动皆有健脑益智作用，尤以弹跳运动为佳，例如跳绳、踢毽子、跳皮筋、跳舞等。

打乒乓球防治近视。打乒乓球时，双眼必须紧盯着穿梭往来、忽近忽远、旋转多变的快速来球，使眼球内部运动加快，眼神经机能提高，不仅可以调节眼疲劳，还能改变眼球的曲度和眼轴的长短。

但是，青少年的身体发育毕竟未成熟，各器官的功能还较薄弱，无论参加哪项运动都要注意控制强度，以循序渐进的方式逐渐适应；还要结合自己的体力和健康情况量力而行。只有适度地运动才有利于健康。

剧烈运动后
"四不宜"

青少年正是在运动场上龙腾虎跃的时期，但在剧烈运动后应注意以下"四不宜"：

不能立即休息。剧烈活动后心跳加快，肌肉紧张，毛细血管扩张，血流速度也快。这时如果立即停下来休息，肌肉的节律性收缩停止，原先流进肌肉的大量血液就难以通过肌肉收缩流回心脏，造成血压降低，出现脑部暂时性缺血，容易引发心慌、气短、头晕、眼花、面色苍白，甚至休克。

不可马上洗浴。剧烈运动后，身体为了散热使皮肤血管扩张，汗孔开大，排汗增多。如果这时突然洗冷水浴，会受刺激使血管收缩，血循环阻力加大，心肺负担加重，造成机体抵抗力降低，人就容易生病。

不应暴饮开水。剧烈运动后因排汗过多而口渴时，有人就暴饮开水或其他饮料，这会加重胃肠负担，使胃液稀释，降低了胃液的杀菌能力，又妨碍了对食物的消化。

不宜大量吃糖。运动后吃糖过多会使维生素 B_1 消耗过多，人会感到倦怠、食欲不振，影响体力的恢复，因此运动后要进食一些含维生素 B_1 多的食品。

帮助青少年了解"性"

性是与生俱来的，对孩子的性教育应该从小开始，越早越好。一些家长以为孩子小，不懂事，不用注意性教育，其实这是一个误区。一般来讲，婴幼儿时期是性别角色认同的重要时期，家长是孩子性教育的启蒙老师，在此时期，家长要通过起名、穿衣服，和小孩的谈话、交流，给他买玩具，使他了解性别角色，这对一个人的成熟非常重要。到了学龄期，则应选择良好的时机（比如洗澡、睡觉等），很自然地让孩子认识自己的身体，并培养他养成良好的卫生习惯。随着生理的成熟和性激素分泌的增多，孩子们开始进入青春期，这一时期是性教育的重要时期，也是性犯罪的高发期。在这个阶段，孩子们在性生理、性心理方面都有很大变化，这时既要让孩子们懂得正常的生理现象，也要使孩子形成健康的性心理，顺利完成从儿童时期向成人的过渡。

在帮助孩子了解性的过程中，千万要注意：用孩子能听懂的语言、容易接受的方式，去爽快地、正确地、形象地回答，不要含糊其词，更不可简单粗暴。

对青少年的性知识教育是一个社会的系统工程，学校、家长和社会要共同承担性知识教育的责任和义务，帮助孩子了解"性"，使孩子都能身心健康地成长。

少年须知
"懒惰催人老"

　　"**懒**惰最容易使人衰老"，这话说得很有道理，从一个重要方面讲出了人生的真谛。应该说，健康长寿是人类永远的追求。从

古至今许多长寿老人都有自己独特的长寿之道。有人吃素，有人心宽，有人乐天，有人忌烟酒，有人衣食无忧，有人环境独佳……唯有一点是共同的，那就是勤奋好动。"动"就得"勤"，"勤"就会"动"，"生命在于运动"，只有动起来，生命才能变得活跃起来。

俄罗斯国家民间舞蹈团曾在我国青岛、上海、北京等地进行精彩演出，人们在惊叹俄罗斯艺术家高超技艺的同时，更惊讶90岁高龄的团长莫伊谢耶夫生命不息耕耘不止的崇高精神。莫伊谢耶夫老人思维敏捷、精力充沛、体魄健壮。他不是名誉上的团长，而是一个实实在在的实干艺术家，剧团的编导、排演、管理，样样离不开他。许多人见到这位神采奕奕、精神焕发的老人，都禁不住问他长寿的秘诀。他总是干脆地回答："勤奋工作。懒惰最容易催人老！"

我国汉代的医生华佗认为，动是健身祛病防衰老的关键，他的健身诀窍是练五禽戏；唐代医药学家孙思邈的长寿诀窍是"四体勤奋，每天劳动，行医看病，上山采药"；唐朝女皇武则天82岁高龄的健身长寿法是打猎、游览、练气功。他们的长寿秘诀都是"勤勉劳动，不懒惰"。

话说少儿肥胖危险期

儿童肥胖的原因很多，专家研究发现，儿童肥胖症与服用过量激素、疾病和遗传性肥胖关系不大，而是单纯性肥胖症，也就是由于摄取过量的营养造成的。随着人们的生活水平的提高，独生子女成了父母和家庭的"小皇帝"，从生下来就精心喂养，吃得越多父母越高兴，长得越胖亲人们越喜欢。如果孩子缺乏适当的体育运动，没有活动的时间和空间，就可能造成儿童过度肥胖。

家长对孩子的肥胖应该有正确的认识，青少年也应该努力克制

自己，对肥胖既不要过分紧张，也不要放任自流。对单纯性肥胖的，限制过量饮食是最佳治疗方案；帮助儿童建立规律性的生活习惯和合理的饮食结构，要克服爱吃甜食、快餐，躺着吃东西等不良饮食习惯；指导孩子适当地选择体育锻炼方法，每天要保证一定的运动量；还要从心理上帮助肥胖儿童解除心理障碍，树立信心，应用科学的方法。

在青少年长身体的关键时期，节制饮食是有限度的，主要是控制热量摄入过多，对于蛋白质、维生素、微量元素的摄入一定要给予充足的保证，千万不可矫枉过正。否则就可能抑制青少年的生长发育，削弱孩子的机体免疫力，因而对健康会造成不良影响的。

人体需要足量水支撑

水，对于所有的生物都是不可缺少的，人体更是不能例外。如果没有水，人会因体内产生的废物而中毒死亡。肾脏排除尿酸和尿素时，必须溶解在水里，如果没有足够的水，这些废物就不能有效地排除，从而形成肾结石。水对于消化和吸收代谢过程的化学反应也很重要，水通过血液的形式为细胞运输氧和营养物质；通过排汗来调节体温；水还可以润滑关节和内脏；如果水分不够，就可能出现肥胖、肌肉的弹性降低、消化系统紊乱、肌肉疼痛，甚至出现肾功能障碍、水潴留等现象；人体的呼吸也离不开水，肺组织必须保持湿润环境才能摄取氧和排除二氧化碳，每天通过呼吸人体丢失 0.5 升左右的水分。

那么，每天饮水多少为宜呢？有关专家曾指出，"以 250 毫升的杯子为例，一个健康人每天至少要喝 8 ～ 10 杯水。若运动量大或者气候环境炎热，那么需要的水分就更多。"

国际运动药物研究所公布了一个正常人每天水摄入量的公式：如果运动量不大，每磅体重每日需 15 毫升水；如果从事体育运动，那么每磅体重约需 20 毫升水。还有，喝水还必须均匀地分散在全天。

有人以为，每天喝那么多的水，一定会不停地跑厕所。是的，开始是比较频繁的，但是几周以后，膀胱将会做出调整，使排尿频率变低。至于饮水以什么种类为好呢？科学家一致认为，以凉白开水为最佳。

养成积极饮水的习惯

不少人以为，不口渴就无须饮水。实际上即使不渴也应该每天饮适量的水。有的人平时口腔感觉迟钝，没感觉出来体内缺水，就会影响身体的新陈代谢。因此，青少年根据体重每天不渴也需要饮水1000～2000毫升。

在运动中，每5～8分钟体温升高1度，15～30分钟体温可达到生命致死的水平。人体之所以没有出现运动高体温致死事件，是因为水分调解体温的作用。运动产生的热量首先遇到的是体内无所不在的水分，水吸收热量，通过皮肤蒸发及汗液带走热量，使产热与散热保持平衡。

散热同时又丧失了水分。长跑运动每小时可丢失2～2.8升水分，足球运动每场比赛可失水4～6升，相当于体重的6%～8%。人体每失去1%体重的水即可使血浆容积下降2.5%，肌肉失水1%。因此，运动前或运动后要补充足量的水。

饮什么样的水好呢？不少青少年迷恋于饮料、果汁饮品等，其实最好的饮用水还是凉白开水。

凉白开水分子的结构适宜人体血液及细胞内外运输。凉白开水中有的无机物适宜人体利用。尤其是凉白开能解除钙、镁、铁、铝、锰的碳酸盐、重碳酸盐、氯化物、硫酸盐、硝酸盐等矿物质，解除硬水对人体的伤害。

饮水对于许多疾病的防治也有积极的意义。例如，感冒病人多饮糖姜水，出个透汗后病情明显好转甚至治愈；低血压病人多饮茶水，血容量增多，血压会自然上升；风湿症病人多饮热姜水，可以减轻症状，减少痛苦。更重要的是，多饮水有防癌作用。